JavaScript+jQuery 程序设计与应用

主　编　张丽梅　马　征

副主编　邸柱国　张　雨　张亚林

科学出版社

北　京

内 容 简 介

本书针对 Web 前端工程师所需技能，系统讲解 JavaScript 与 jQuery 技术。本书从初学者角度出发，通过通俗易懂的语言、丰富实用的实例，详细地介绍如何使用 JavaScript 进行程序开发，涵盖了 JavaScript 和 jQuery 的核心内容。书中所有知识点都结合具体实例进行讲解，核心代码都给出了详细的注释，可以使读者轻松领会 JavaScript 程序开发的精髓，快速提高开发技能，力求让读者能学以致用，真正获得开发经验。

本书既可以作为高等院校相关专业的网页设计与制作、前端开发等课程的教材，也可以作为 JavaScript、jQuery 初学者的入门用书，还可以作为高等院校相关专业的教学参考书或相关机构的培训教材。

图书在版编目（CIP）数据

JavaScript+jQuery 程序设计与应用/张丽梅，马征主编. —北京：科学出版社，2024.3
ISBN 978-7-03-076864-3

Ⅰ. ①J… Ⅱ. ①张… ②马… Ⅲ. ①JAVA 语言-程序设计
Ⅳ. ①TP312.8

中国国家版本馆 CIP 数据核字（2023）第 212755 号

责任编辑：宋 丽 吴超莉 / 责任校对：马英菊
责任印制：吕春珉 / 封面设计：东方人华平面设计部

科 学 出 版 社 出版
北京东黄城根北街 16 号
邮政编码：100717
http://www.sciencep.com

三河市骏走印刷有限公司 印刷
科学出版社发行 各地新华书店经销
*
2024 年 3 月第 一 版 开本：787×1092 1/16
2024 年 3 月第一次印刷 印张：17
字数：400 000
定价：63.00 元
（如有印装质量问题，我社负责调换〈骏杰〉）
销售部电话 010-62136230 编辑部电话 010-62135763-2041

前　言

本书主要介绍 JavaScript 和 jQuery 两门程序语言。JavaScript 是 Web 开发中应用最早、发展最成熟、用户最多的脚本语言，其语法简洁，容易理解，代码可读性好。JavaScript 可用于 HTML 和 Web，更可广泛用于服务器、个人计算机、笔记本电脑、平板电脑和智能手机等设备。JavaScript 属于轻量级的编程语言，可插入 HTML 页面的编程代码，可由所有的现代浏览器执行。

jQuery 是一个强大的 JavaScript 库。jQuery 意在强调其查找或查询网页元素，并通过 JavaScript 操作这些元素的核心功能。随着时间推移，jQuery 的功能越来越丰富，性能逐步提升，同时也被因特网上一些有名的站点广泛采用。jQuery 在一个紧凑的文件中提供了丰富多样的特性、简单易学的语法和稳健的跨平台兼容性。此外，数百种为扩展 jQuery 功能而开发的插件，更使它几乎成为适用于各类客户端脚本编程的必备工具。

编者在兴辽卓越院校"辽宁省教育厅 2021 年高等职业教育开放办学合作项目（辽教办【2021】360 号）"的基础上，紧密结合软件技术专业及相关专业的实际工作特点，对教学资源进行整理，编写了本书。本书具有以下特点。

（1）由案例引入，从具体问题分析入手，由浅入深。

（2）注重具体问题的分析、设计。案例中给出的解决思路，有助于提高读者分析问题和解决问题的能力。

（3）案例实现突出软件开发的前端设计与实现过程，可使读者更好地掌握和巩固软件开发的基本技能。

本书是一本轻松的 JavaScript 和 jQuery 程序设计与应用入门教程，全面、深入地介绍了 JavaScript 开发者必须掌握的前端开发技术，并配备了教学课件。

本书由辽宁生态工程职业学院组织编写，由张丽梅、马征（大连大胜广告有限公司）担任主编，邱柱国、张雨、张亚林担任副主编。同时，陈玉勇、白云、张晓琦（辽宁建筑职业学院）、张述平（辽宁金融职业学院）、张洋（大连中软卓越信息技术有限公司）也参与了本书的编写工作。本书的编写还得到了学院各级领导和中软国际多位技术人员的帮助，在此深表感谢！

由于编者水平有限，书中难免会有疏漏和不足之处，恳请广大读者批评指正。

目　　录

第 1 章　JavaScript 概述 ·· 1

1.1　初识 JavaScript ··· 1

1.1.1　了解 JavaScript 的发展史 ··· 1

1.1.2　JavaScript 的特点 ·· 2

1.2　JavaScript 的使用 ·· 2

1.2.1　在页面中定义 JavaScript 代码 ··· 2

1.2.2　链接外部 JavaScript 文件 ·· 3

1.3　JavaScript 的数据类型和运算符 ··· 3

1.3.1　语法规则 ·· 3

1.3.2　关键字 ··· 4

1.3.3　数据类型 ·· 5

1.3.4　变量 ·· 6

1.3.5　运算符 ··· 7

1.4　JavaScript 的流程控制 ··· 9

1.4.1　条件语句 ·· 9

1.4.2　循环语句 ·· 13

巩固练习 ··· 16

第 2 章　JavaScript 中的函数 ··· 17

2.1　函数的定义和调用 ·· 17

2.1.1　函数的定义 ·· 17

2.1.2　函数的调用 ·· 17

2.2　函数的参数和返回值 ·· 18

2.2.1　函数的参数 ·· 18

2.2.2　函数的返回值 ·· 19

2.3　嵌套函数和递归函数 ·· 19

2.3.1　嵌套函数 ·· 19

2.3.2　递归函数 ·· 20

2.4　变量的作用域 ·· 21

2.5　JavaScript 中的系统函数 ………………………………………………………… 23

　　2.5.1　encodeURI()函数 ……………………………………………………… 23

　　2.5.2　decodeURI()函数 ……………………………………………………… 24

　　2.5.3　parseInt()函数 ………………………………………………………… 24

　　2.5.4　isNaN()函数 …………………………………………………………… 25

　　2.5.5　eval()函数 ……………………………………………………………… 26

巩固练习 ………………………………………………………………………………… 26

第 3 章　JavaScript 中的对象 ……………………………………………………… 27

3.1　对象的基本概念 ……………………………………………………………… 27

　　3.1.1　对象的属性和方法 ……………………………………………………… 27

　　3.1.2　属性的修改和删除 ……………………………………………………… 28

3.2　内置对象 ……………………………………………………………………… 30

　　3.2.1　String 对象 ……………………………………………………………… 30

　　3.2.2　Number 对象 …………………………………………………………… 35

　　3.2.3　Math 对象 ……………………………………………………………… 36

　　3.2.4　Date 对象 ……………………………………………………………… 39

　　3.2.5　Array 对象 ……………………………………………………………… 43

3.3　浏览器对象 …………………………………………………………………… 49

　　3.3.1　Window 对象 …………………………………………………………… 49

　　3.3.2　Document 对象 ………………………………………………………… 58

　　3.3.3　History 对象 …………………………………………………………… 64

　　3.3.4　Location 对象 …………………………………………………………… 66

　　3.3.5　Navigator 对象 ………………………………………………………… 67

巩固练习 ………………………………………………………………………………… 68

第 4 章　JavaScript 的事件与 DOM 编程 ………………………………………… 69

4.1　JavaScript 的常用事件 ……………………………………………………… 69

　　4.1.1　事件和事件处理程序 …………………………………………………… 69

　　4.1.2　键盘事件 ………………………………………………………………… 70

　　4.1.3　鼠标事件 ………………………………………………………………… 73

　　4.1.4　加载和卸载事件 ………………………………………………………… 79

　　4.1.5　获得焦点和失去焦点事件 ……………………………………………… 79

　　4.1.6　提交和重置事件 ………………………………………………………… 82

　　4.1.7　改变和选择事件 ………………………………………………………… 84

　　4.1.8　错误事件 ………………………………………………………………… 87

4.2　DOM 编程···88

4.2.1　DOM 简介··88

4.2.2　DOM 中的节点··88

4.2.3　使用 DOM 编程··90

巩固练习··96

第 5 章　JavaScript 使用实例·······························98

5.1　文字特效··98

5.1.1　跑马灯效果··98

5.1.2　打字效果···99

5.1.3　文字大小变化效果······································100

5.1.4　升降文字效果··102

5.2　图片特效···104

5.2.1　改变页面中图片的位置··································104

5.2.2　通过鼠标拖动改变图片大小······························105

5.2.3　不断闪烁的图片···108

5.3　时间和日期特效···109

5.3.1　标题栏显示分时问候语··································109

5.3.2　显示当前系统时间······································110

5.3.3　星期查询功能··111

5.4　窗体特效···112

5.4.1　无边框窗口自动关闭特效·································112

5.4.2　方向键控制窗口的特效··································114

5.4.3　改变窗体颜色··117

5.5　鼠标特效···118

5.5.1　屏蔽鼠标右键··118

5.5.2　获取鼠标位置坐标······································119

5.5.3　根据方向键改变鼠标外观·································120

5.6　菜单特效···121

5.6.1　左键弹出菜单··121

5.6.2　下拉菜单···122

5.6.3　滚动菜单···126

5.7　警告和提示特效···128

5.7.1　进站提示信息··128

5.7.2　单击超链接显示提示框··································129

5.7.3　显示停留时间··130

5.8 密码特效 ……………………………………………………………………… 131

5.8.1 弹出式密码保护 ……………………………………………………… 131

5.8.2 检查密码的格式合法性 ……………………………………………… 132

巩固练习 ……………………………………………………………………………… 134

第6章 初识 jQuery ……………………………………………………………… 135

6.1 jQuery 概述 …………………………………………………………………… 135

6.1.1 jQuery 简介 …………………………………………………………… 135

6.1.2 jQuery 的特点 ………………………………………………………… 135

6.2 基于 jQuery 的开发 …………………………………………………………… 137

6.2.1 配置开发环境 ………………………………………………………… 137

6.2.2 代码实现 ……………………………………………………………… 137

6.3 jQuery 对象及其与 DOM 对象的转换 ……………………………………… 139

6.3.1 jQuery 对象简介 ……………………………………………………… 139

6.3.2 jQuery 对象与 DOM 对象的转换 …………………………………… 140

巩固练习 ……………………………………………………………………………… 141

第7章 jQuery 选择器 …………………………………………………………… 142

7.1 选择器简介 …………………………………………………………………… 142

7.2 选择器的分类 ………………………………………………………………… 142

7.2.1 基本选择器 …………………………………………………………… 142

7.2.2 层次选择器 …………………………………………………………… 148

7.2.3 过滤选择器 …………………………………………………………… 152

7.2.4 表单选择器 …………………………………………………………… 155

7.3 元素属性的操作 ……………………………………………………………… 157

7.3.1 设置元素属性 ………………………………………………………… 157

7.3.2 删除元素属性 ………………………………………………………… 158

7.4 样式类的操作 ………………………………………………………………… 160

7.4.1 添加样式类 …………………………………………………………… 160

7.4.2 移除样式类 …………………………………………………………… 162

7.4.3 交替样式类 …………………………………………………………… 163

7.5 样式属性的操作 ……………………………………………………………… 165

7.5.1 读取样式属性 ………………………………………………………… 165

7.5.2 设置样式属性 ………………………………………………………… 166

7.5.3 设置元素偏移 ………………………………………………………… 168

7.6 元素内容的操作 ··· 169

    7.6.1 操作 HTML 代码 ·· 169

    7.6.2 操作文本 ··· 171

    7.6.3 操作表单元素的值 ··· 172

7.7 筛选与查找元素集中的元素 ··· 174

巩固练习 ··· 178

第 8 章 jQuery 的事件处理与 DOM 编程 ······························· 179

8.1 jQuery 的事件处理 ··· 179

    8.1.1 事件处理介绍 ··· 179

    8.1.2 页面载入事件 ··· 182

    8.1.3 事件绑定 ··· 183

    8.1.4 事件移除 ··· 187

    8.1.5 事件冒泡 ··· 188

    8.1.6 模拟事件触发操作 ··· 192

    8.1.7 合成事件 ··· 193

8.2 DOM 编程 ·· 195

    8.2.1 DOM 树结构 ··· 195

    8.2.2 创建元素 ··· 196

    8.2.3 插入元素 ··· 196

    8.2.4 复制元素 ··· 197

    8.2.5 替换元素 ··· 199

    8.2.6 包裹元素 ··· 202

    8.2.7 删除元素 ··· 205

巩固练习 ··· 208

第 9 章 jQuery 的动画效果 ·· 209

9.1 显示与隐藏效果 ··· 209

    9.1.1 显示元素 ··· 209

    9.1.2 隐藏元素 ··· 210

    9.1.3 交替显示/隐藏元素 ··· 211

9.2 滑动效果 ·· 212

    9.2.1 向上收缩效果 ··· 212

    9.2.2 向下展开效果 ··· 213

    9.2.3 交替伸缩效果 ··· 214

9.3 淡入淡出效果 ······ 215

9.3.1 淡入效果 ······ 215

9.3.2 淡出效果 ······ 216

9.3.3 交替淡入淡出效果 ······ 217

9.3.4 不透明效果 ······ 219

9.4 自定义动画效果 ······ 220

9.4.1 自定义动画 ······ 220

9.4.2 动画队列 ······ 223

9.4.3 动画停止和延时 ······ 225

巩固练习 ······ 228

第 10 章 jQuery 与 Ajax ······ 229

10.1 Ajax 简介 ······ 229

10.2 jQuery 中的 Ajax 方法 ······ 229

10.2.1 load()方法 ······ 229

10.2.2 $.get()方法和$.post()方法 ······ 231

10.2.3 $.getScript()方法和$.getJSON()方法 ······ 234

10.2.4 $.ajax()方法 ······ 236

10.3 jQuery 中的 Ajax 事件 ······ 240

巩固练习 ······ 242

第 11 章 jQuery 常用插件 ······ 243

11.1 表单插件 ······ 243

11.2 验证插件 ······ 247

11.3 快捷菜单插件 ······ 253

11.4 图片弹窗插件 ······ 255

巩固练习 ······ 258

参考文献 ······ 259

第1章　JavaScript 概述

本章详细介绍了 JavaScript 语言的基础知识，包括使用方式、语法规范、关键字、常量和变量的定义、数据类型、各种运算符的意义和使用；通过列举实例，重点介绍了 JavaScript 程序控制语句的使用。

1.1　初识 JavaScript

1.1.1　了解 JavaScript 的发展史

JavaScript 是一门广泛应用于 Web 开发的脚本语言。1995 年，Netscape（网景）公司的 Brendan Eich（布兰登·艾奇）创建了 JavaScript，最初称为 Mocha，后改名为 LiveScript，最终改名为 JavaScript。当时，网景公司为了让这门语言搭上 Java 这个编程语言"热词"，将其临时改名为 JavaScript，日后这成为大众对这门语言有诸多误解的原因之一。

JavaScript 和 Java 在名字和一些语法上确实有相似之处，但它们在设计和用途上有很大的区别。Java 是一种静态类型语言，需要在编译时声明变量的类型；通常在虚拟机上运行，可以实现"一次编写，到处运行"的特性；主要用于后端服务器开发、移动应用开发等。JavaScript 是一种动态类型语言，变量的类型可以在运行时改变；在浏览器中执行，用于控制网页的行为和呈现；主要用于前端开发，在网页上实现动态交互效果。尽管它们有一些相似之处，但 JavaScript 和 Java 是两种完全不同的编程语言，适用于不同的应用场景。

ECMAScript 是一种由 Ecma International 组织（前身为欧洲计算机制造商协会）制定的脚本语言标准，而 JavaScript 则是一门基于 ECMAScript 标准的编程语言。ECMAScript 标准规定了语言的基本语法、类型、语句、关键字和操作符等，实际上，ECMAScript 标准并没有涉及浏览器、HTML、CSS 等方面，只规定了 JavaScript 本身的语言特性和语法。JavaScript 实现了 ECMAScript 标准，同时还包括一些浏览器端特有的功能，如文档对象模型（document object model，DOM）操作和浏览器对象模型（browser object model，BOM）操作。因此，JavaScript 可以被用来创建交互式的网页和应用程序。

一般来说，完整的 JavaScript 包括以下几个部分。

1）ECMAScript 描述了该语言的语法和基本对象。

2）DOM 用于描述处理网页内容的方法和接口。

3）BOM 用于描述与浏览器进行交互的方法和接口。

不同于服务器端脚本语言（如 PHP 和 ASP），JavaScript 主要被作为客户端脚本语言在用户的浏览器上运行，不需要服务器的支持。因此，在早期程序员比较青睐于 JavaScript 以减少服务器的负担，而与此同时在安全性上出现了问题。随着服务器变得强大，目前程序员更倾向运行于服务器端的脚本以保证安全，但 JavaScript 仍然以其跨平台、容易上手等优势而应用广泛。同时，有些特殊功能（如 Ajax）必须依赖 JavaScript 在客户端提供支持。随着引擎（如 V8）和框架（如 Node.js）的发展，以及事件驱动和异步输入/输出（asynchronous input/output）等特性，JavaScript 也被逐渐用来编写服务器端程序。

1.1.2　JavaScript 的特点

JavaScript 的主要特点如下。

1）脚本语言。JavaScript 是一门解释型的脚本语言，C、C++等语言先编译后执行，而 JavaScript 是在程序的运行过程中逐行进行解释。

2）基于对象。JavaScript 是一种基于对象的脚本语言，不仅可以创建对象，也能使用现有的对象。

3）简单。JavaScript 语言中采用的是弱类型的变量类型，对使用的数据类型未做出严格的要求，是基于 Java 基本语句和控制的脚本语言，设计简单紧凑。

4）动态性。JavaScript 是一种采用事件驱动的脚本语言，不需要经过 Web 服务器就可以对用户的输入做出响应。在访问一个网页时，鼠标在网页中进行单击或上下移动、窗口移动等操作，JavaScript 就可直接对这些事件做出相应的响应。

5）跨平台性。JavaScript 脚本语言不依赖操作系统，仅需要浏览器的支持。因此，一个 JavaScript 脚本在编写后可以带到任意机器上使用，前提是这台机器上的浏览器支持 JavaScript 脚本语言。目前，JavaScript 已被大多数的浏览器所支持。

1.2　JavaScript 的使用

1.2.1　在页面中定义 JavaScript 代码

在 HTML 页面中插入 JavaScript，需要使用<script>标签。HTML 中的脚本必须位于<script>与</script>标签之间。脚本可被放置在 HTML 页面的 <body> 和 <head> 部分中。具体示例如下。

```
<!DOCTYPE html>
<html>
    <head>
```

```
    <meta charset="UTF-8">
    <title></title>
    <!--书写在 head 标签中-->
    <script>
        alert("My First JavaScript");
    </script>
</head>

<body>
    <!--书写在 body 标签中-->
    <script>
        document.write("<h1>这是一个标题</h1>");
        document.write("<p>这是一个段落</p>");
    </script>
</body>

</html>
```

1.2.2 链接外部 JavaScript 文件

也可以把脚本保存到外部文件中。外部文件通常包含被多个网页使用的代码。外部
JavaScript 文件的文件扩展名是 .js。如需使用外部文件，应在<script>标签的 "src" 属
性中设置该.js 文件。具体示例如下。

```
<!DOCTYPE html>
<html>
    <body>
        <script src="myScript.js"></script>
    </body>
</html>
```

注意：<script>标签用于引入.js 文件时，一定要写上<script>标签的结束标签。

一个<script>标签一旦用于引入.js 文件，那么标签体就不能再编写 JavaScript 代码
了。如果想在 HTML 页面<Script>标签内部进行编写，可以再写一个<script></script>。

1.3 JavaScript 的数据类型和运算符

1.3.1 语法规则

JavaScript 是一门程序语言，其语法规则定义了语言结构。

（1）区分大小写

JavaScript 严格区分大小写。例如：

```
var str;var Str;
```

上面代码中的 str 和 Str 是两个完全不同的变量。

（2）分号和空格

在 JavaScript 中，语句中的分号 ";" 是可有可无的。例如：

```
var a=3var b=4var c=a*b
```

等价于：

```
var a=3;var b=4;var c=a*b;
```

这一点与其他编程语言（如 C 和 Java）不同。但是建议读者在每一条语句后面加一个分号，这是一个良好的代码编写习惯。

另外，JavaScript 会忽略多余的空格，用户可以向脚本添加空格以提高代码的可读性。例如：

```
var str="JavaScript 教程";
var str = "JavaScript 教程";  //这一行代码阅读时视觉上会舒服一点
```

（3）JavaScript 的注释

示例代码如下：

```
<script type="text/javascript">
    // 单行注释
    /*
    多行注释 1
    多行注释 2
    */
</script>
```

1.3.2 关键字

JavaScript 中的关键字用于标识要执行的操作。和其他编程语言一样，JavaScript 保留了一些关键字为自己所用。

var 关键字告诉浏览器创建一个新的变量。例如：

```
<script>
    var x = 5 + 6;
    var y = x * 10;
</script>
```

表 1-1 列出了 JavaScript 中的关键字（按字母顺序排列）。

表 1-1 JavaScript 中的关键字

关键字	关键字	关键字	关键字
abstract	else	instanceof	super
boolean	enum	int	switch
break	export	interface	synchronized
byte	extends	let	this
case	false	long	throw
catch	final	native	throws
char	finally	new	transient
class	float	null	true
const	for	package	try
continue	function	private	typeof
debugger	goto	protected	var
default	if	public	void
delete	implements	return	volatile
do	import	short	while
double	in	static	with

1.3.3 数据类型

JavaScript 中有多种数据类型。

值类型（基本类型）：字符串（String）、数字（Number）、布尔（Boolean）、空（Null）、未定义（Undefined）。

引用数据类型：对象（Object）、数组（Array）、函数（Function）。

说明：

String 类型：表示字符串是存储字符（如"Bill Gates"）的变量。字符串可以是引号中的任意文本。可以使用单引号或双引号。

Number 类型：表示数值，包含了所有的数值类型，数字可以带小数点，也可以不带。

Boolean 类型：布尔（逻辑）只能有两个值：true 或 false。

Null 类型：null 是 JavaScript 的关键字，Null 类型也只有一个 null 值，表示为空或者不存在的对象引用。

Undefined 类型：只有一个值 Undefined，表示一个变量定义了但未赋值。

Object 类型：表示一个对象，对象由花括号分隔。在花括号内部，对象的属性以名称和值对的形式（name：value）来定义。属性由英文半角逗号分隔。

Array 数组：使用单独的变量名来存储一系列的值。

Function 类型：表示一个函数。

下面的代码演示了各种数据类型的使用。

```
<script>

    // 数据类型
    var u;              // Undefined 类型:表示一个变量定义了但未赋值
    var n = null;       // Null 类型:表示空,只有 null 一个值
    var x = 16;         // Number 类型:通过数字字面量赋值
    var y = x * 10;     // Number 类型:通过表达式字面量赋值
    var z = 10.5;       // Number 类型:通过数字字面量赋值
    var str = "Johnson";
    // String 类型:通过字符串字面量赋值,字符串需要使用双引号
    var flag = true;
    // Boolean 类型:通过 true 或者 false 表示赋值,只有 true 或者 false 两个值
    var cars = ["Saab", "Volvo", "BMW"];
    // Array 数组:通过数组字面量赋值
    var person = {  // Object 类型:通过对象字面量赋值
        firstName: "John",
        lastName: "Doe"
    };
</script>
```

1.3.4 变量

在编程语言中,变量用于存储数据值。变量的命名规则如下。

1)由数字、字母、下划线（_）和美元符号（$）的一种或者几种组成。

2)不能以数字开头,严格区分大小写。

3)不允许使用 JavaScript 关键字做变量名。

JavaScript 使用关键字 var 来定义变量,使用等号来为变量赋值；变量可以通过变量名访问。下面通过代码演示变量的创建和使用。

```
// 先声明变量再赋值
var num;
num = 5;
// 同时声明和赋值变量
var num = 5;
// 不声明直接赋值
num = 5;
// 调用变量
alert(num);
```

1.3.5　运算符

JavaScript 支持以下几种运算符类型。

1. 算术运算符

例如，定义两个变量 a 和 b，分别赋值如下。

```
var a=5,b=2
```

表 1-2 描述了变量 a 和 b 的各种算术运算结果。

表 1-2　JavaScript 中算术运算符的运算示例

运算符	描述	示例	运算结果
+	加法	var c = a+b	c = 7
-	减法	var c = a-b	c = 3
*	乘法	var c = a*b	c = 10
/	除法	var c = a/b	c = 2.5
%	取余	var c = a%b	c = 1
++	自增	var x = a++	x=5,a=6
		var x = ++a	x=6,a=6
--	自减	var x = a--	x=5,a=4
		var x = --a	x=4,a=4

2. 赋值运算符

例如，定义两个变量 x 和 y，分别赋值如下。

```
var x=12,y=5
```

表 1-3 描述了变量 x 和 y 的各种赋值运算结果。

表 1-3　JavaScript 中赋值运算符的运算示例

运算符	示例	等同于	运算结果
=	x=y		x=5
+=	x+=y	x=x+y	x=17
-=	x-=y	x=x-y	x=7
*=	x*=y	x=x*y	x=60
/=	x/=y	x=x/y	x=2.4
%=	x%=y	x=x%y	x=2

3. 比较运算符

例如，定义变量 x，赋值如下。

```
var x = 5
```

表 1-4 描述了各种比较运算结果。

表 1-4　JavaScript 中比较运算符的运算示例

运算符	描述	示例	返回值
==	等于	x= =8,x= =5,x= ='5'	false,true,true
===	等同于（值和类型均相等）	x= = =5,x= = ='5'	true,false
!=	不等于	x!='8'	true
!= =	不等同于（值和类型有一个不相等或两个都不相等）	x!= =5,x!= ='5'	false,true
>	大于	x>8	false
<	小于	x<8	true
>=	大于或等于	x>=8	false
<=	小于或等于	x<=8	true

4. 逻辑运算符

逻辑运算符用于测定变量或值之间的逻辑。例如，定义两个变量 x 和 y，分别赋值如下。

```
var x=6,y=3
```

表 1-5 描述了变量 x 和 y 的各种逻辑运算结果。

表 1-5　JavaScript 中逻辑运算符的运算示例

运算符	描述	示例	返回值
&&	与	(x < 10 && y > 1)	true
||	或	(x= =5 || y= =5)	false
!	非	!(x= =y)	true

5. 条件运算符

JavaScript 还包含基于某些条件对变量进行赋值的条件运算符。语法格式如下。

```
variablename=(condition)?value1:value2
```

示例代码如下。

```
voteable=(age<18)?"年龄太小":"年龄已达到";
```

上面代码表示：如果变量 age 的值小于 18，则向变量 voteable 赋值"年龄太小"，否则赋值"年龄已达到"。

1.4　JavaScript 的流程控制

1.4.1　条件语句

条件语句用于基于不同的条件来执行不同的动作。

通常在写代码时，总是需要为不同的决定执行不同的动作，这时可以在代码中使用条件语句来完成该任务。

在 JavaScript 中，可以使用以下条件语句。

1）if 语句：当指定条件为 true 时，使用该语句来执行代码。

2）if...else 语句：当条件为 true 时执行代码，当条件为 false 时执行其他代码。

3）if...else if...else 语句：使用该语句可选择多个代码块之一执行。

4）switch 开关语句：使用该语句可选择多个代码块之一执行。

1. if 语句

只有当指定条件为 true 时，if 语句才会执行代码。

语法格式如下：

```
if (condition)
{
    当条件为 true 时执行的代码
}
```

注意：请使用小写的 if。若使用大写字母（IF）会产生 JavaScript 错误！

实例 1-1　当 x 小于 100 时，控制器输出"x 小于 100"。

```
<script>
    var x = 90;

    if(x < 100) {
        console.log("x 小于 100");
    }
</script>
```

实例运行结果如图 1-1 所示。

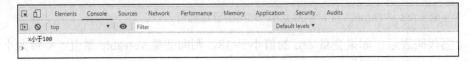

图 1-1　实例 1-1 运行结果

注意： 在该语法中，没有 else 语句。只有在指定条件为 true 时才执行代码。

2. if...else 语句

if...else 语句在条件为 true 时执行代码，在条件为 false 时执行其他代码。
语法格式如下。

```
if (condition)
{
    当条件为 true 时执行的代码
}
else
{
    当条件为 false 时执行的代码
}
```

实例 1-2　当 x 小于 100 时，控制器输出"x 小于 100"，否则输出"x 大于等于 100"。

```
<script>
    var x = 150;

    if(x < 100) {
        console.log("x 小于 100");
    }
    else
    {
        console.log("x 大于等于 100");
    }
</script>
```

实例运行结果如图 1-2 所示。

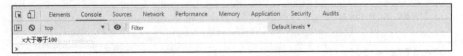

图 1-2　实例 1-2 运行结果

3. if...else if...else 语句

使用 if...else if...else 语句可选择多个代码块之一执行。

语法格式如下。

```
if (condition1)
{
    当条件 1 为 true 时执行的代码
}
else if (condition2)
{
    当条件 2 为 true 时执行的代码
}
else
{
    当条件 1 和 条件 2 都不为 true 时执行的代码
}
```

实例 1-3　当 x 小于 100 时，控制器输出 "x 小于 100"；当 x 大于 100 时，输出 "x 大于 100"；否则输出 "x 等于 100"。

```
<script>
    var x = 100;
    if(x < 100) {
        console.log("x 小于 100");
    }
    else if(x > 100)
    {
        console.log("x 大于 100");
    }
    else
    {
        console.log("x 等于 100");
    }
</script>
```

实例运行结果如图 1-3 所示。

图 1-3　实例 1-3 运行结果

4. switch 开关语句

switch 开关语句用于基于不同的条件来执行不同的动作。

语法格式如下。

```
switch(条件表达式){
    case 常量1：语句1；break；
    case 常量2：语句2；break；
    ...
    case 常量n：语句n；break；
    default:语句n+1；
}
```

switch 开关语句的工作原理：首先设置表达式（通常是一个变量）。随后表达式的值会与结构中的每个 case 的值做比较。如果存在匹配，则与该 case 关联的语句块会被执行。使用 break 语句来阻止代码自动向下一个 case 运行，使用 default 关键字来规定匹配不存在时执行的语句。

实例 1-4　输出一周七天分别是星期几。

```
<script>
    // 星期分析
    var day = 6;
    switch(day) {
        case 0:
            console.log(day + '--' + 'Sunday');
            break;
        case 1:
            console.log(day + '--' + 'Monday');
            break;
        case 2:
            console.log(day + '--' + 'Tuesday');
            break;
        case 3:
            console.log(day + '--' + 'Wednesday');
            break;
        case 4:
            console.log(day + '--' + 'Thursday');
            break;
        case 5:
            console.log(day + '--' + 'Friday');
             break;
        case 6:
            console.log(day + '--' + 'Saturday');
            break;
        default:
```

```
            console.log('输入有误');
            break;
        }
    </script>
```

实例运行结果如图 1-4 所示。

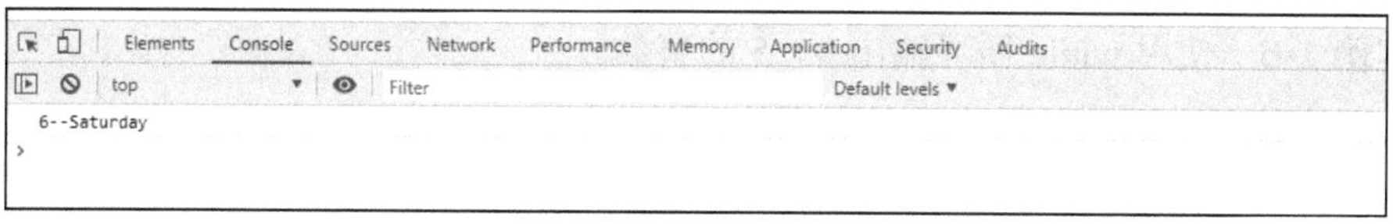

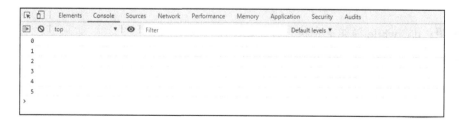

图 1-4　实例 1-4 运行结果

1.4.2　循环语句

1. for 循环

for 循环语句可以将代码块执行指定的次数。如果读者希望重复运行相同的代码，并且每次的值都不同，那么使用 for 循环是很方便的。

语法格式如下。

```
for(循环初值;循环条件;步长){
语句; //循环体
}
```

实例 1-5　使用 for 循环输出 0～5 的整数。

```
// for 循环
for (i=0;i<=5;i++){
    console.log(i);
}
```

实例运行结果如图 1-5 所示。

图 1-5　实例 1-5 运行结果

2. while 循环

while 循环语句只要指定条件为 true，循环就可以一直执行代码块。

语法格式如下。

```
while(循环条件){
    语句; //循环体
}
```

说明: while 循环是先判断再执行语句。

实例 1-6 使用 while 循环输出 0～5 的整数。

```
// while 循环
var i = 0;
while (i<=5){
    console.log(i);
    i++;
}
```

实例运行结果如图 1-6 所示。

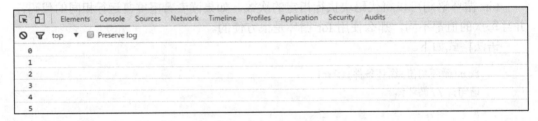

图 1-6 实例 1-6 运行结果

3. do...while 循环

语法格式如下。

```
do{
    语句;//循环体
}while(循环条件);
```

说明: do...while 循环是先执行再判断。

实例 1-7 使用 do...while 循环输出 0～5 的整数。

```
// do...while 循环
var i = 0;
do{
    console.log(i);
    i++;
}while(i<=5);
```

实例运行结果如图 1-7 所示。

图 1-7　实例 1-7 运行结果

4. 跳转语句

JavaScript 支持的跳转语句主要有 break 语句和 continue 语句。

break 语句与 continue 语句的主要区别是：break 是彻底结束循环，而 continue 是结束本次循环。

（1）break 语句

break 语句用于退出包含在最内层的循环或者退出一条 switch 语句。

语法格式如下。

```
break;
```

说明：break 语句通常用于 while、do...while、switch 或 for 语句中。

实例 1-8　修改实例 1-5 中的代码，只输出 0～2 的整数。

```
for(i = 0; i <= 5; i++) {
    if(i==3){
        break;
    }
    console.log(i);
}
```

实例运行结果如图 1-8 所示。

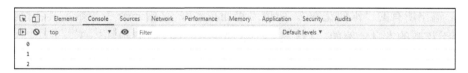

图 1-8　实例 1-8 运行结果

（2）continue 语句

continue 语句用于退出本次循环，并开始下一次循环。

语法格式如下。

```
continue;
```

说明：与 break 语句一样，continue 语句也只能用在 while、do...while、for 和 switch 等语句中。

实例 1-9 修改实例 1-5 中的代码，输出除 3 以外 0~5 的整数。

```
for(i = 0; i <= 5; i++) {
    if(i==3){
        continue;
    }
    console.log(i);
}
```

实例运行结果如图 1-9 所示。

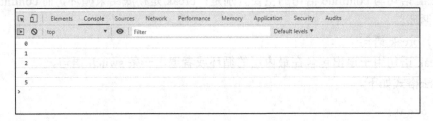

图 1-9 实例 1-9 运行结果

巩 固 练 习

1．给定一个年份，判断该年是否为闰年。

2．将 1~100 中所有 2 的倍数在控制台中打印输出，使用 while 循环语句编写。

3．将 1~100 中所有 2 的倍数在控制台中打印输出，使用 for 循环语句编写。

4．在浏览器中输出一个直角三角形。

5．输出所有的"水仙花数"。所谓"水仙花数"，是指一个 3 位数，其各位数字立方和等于该数的本身。例如，153 是一个水仙花数，因为 $153=1^3+5^3+3^3$。

第 2 章　JavaScript 中的函数

本章主要介绍 JavaScript 中函数的使用和调用，包括特殊函数中的嵌套函数和递归函数的使用，并通过实例介绍变量的作用域和 JavaScript 系统函数的使用。

2.1　函数的定义和调用

2.1.1　函数的定义

函数是由事件驱动的或者当它被调用时执行的可重复使用的代码块。函数的作用如下。

1）将大量重复的语句写在函数中，以后需要这些语句时，用户可以直接调用函数，避免重复编写代码。

2）简化编程，让编程模块化。

定义函数的语法格式如下。

```
function 函数名(){
    函数体;
}
```

其中，各项含义如下。

1）function：定义函数的关键字。中文是"函数""功能"的意思。

2）函数名：函数的命名规则和变量的命名规则一样。只能是字母、数字、下划线、美元符号，不能以数字开头。

3）参数：函数名后面有一对小括号，用于存放参数。

4）花括号中的是函数体。

5）当调用该函数时，会执行函数内的代码。

注意：JavaScript 对大小写敏感。关键字 function 必须是小写的，并且必须以与函数名相同的大小写来调用函数。

2.1.2　函数的调用

调用函数的语法格式如下。

```
函数名();
```

实例 2-1 自定义函数，控制台打印一行语句，试着调用此函数。

```
<script type="text/javascript">
        // 定义函数
        function myfunction() {
            console.log("函数内部代码");
        }
        // 调用函数
        myfunction();
</script>
```

实例运行结果如图 2-1 所示。

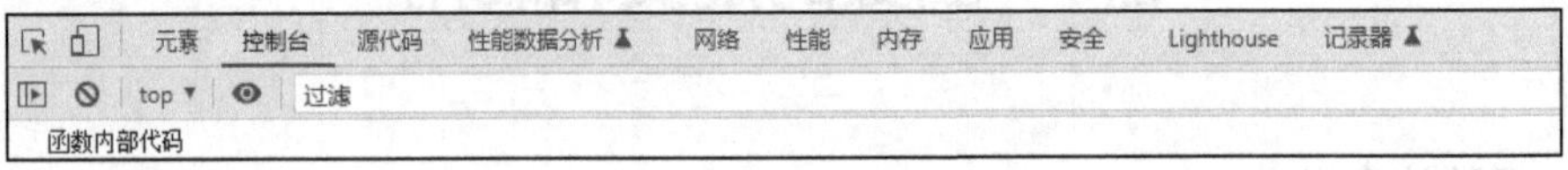

图 2-1　实例 2-1 运行结果

2.2　函数的参数和返回值

2.2.1　函数的参数

在调用函数时，可以向其传递值，这些值被称为参数。这些参数可以在函数中使用。可以向其传递任意多的参数，由英文半角逗号（,）分隔。

```
myFunction(argument1,argument2)
```

当声明函数时，需将参数作为变量来声明。例如：

```
function myFunction(var1,var2)
{
    代码
}
```

变量和参数必须以一致的顺序出现。第一个变量就是第一个被传递的参数的给定值。

函数的参数包括形式参数（简称形参）和实际参数（简称实参）。

注意：实参和形参的个数要相同。

实例 2-2　给 sum()函数加上两个参数 a 和 b，并求这两个数的和。

```
// 定义函数
```

```
function sum(a,b) {
    console.log(a+b);
}
// 调用函数
sum(2,4);
```

实例运行结果如图 2-2 所示。

图 2-2　实例 2-2 运行结果

2.2.2　函数的返回值

有时，人们希望函数将值返回调用它的位置。此时，可以使用 return 语句来实现。

说明：使用 return 语句，函数会停止执行并返回指定的值。

实例 2-3　让 sum()函数返回两数之和。

```
function sum(a,b) {
    return(a+b);
}
res = sum(2, 4);
console.log(res);
```

实例运行结果如图 2-3 所示。

图 2-3　实例 2-3 运行结果

其中，res 变量的值是 6，也就是函数"sum(2,4)"返回的值。

2.3　嵌套函数和递归函数

2.3.1　嵌套函数

嵌套函数，顾名思义，就是在一个函数的内部定义另一个函数。

实例 2-4　欧几里得距离公式计算两点之间的距离：

$$distance = \sqrt{(x_1 - x_2)^2 + (y_1 - y_2)^2}$$

假如给定的起点坐标为（0，0），终点坐标为（3，4），使用嵌套函数计算这两点之间的距离。

```
<script type="text/javascript">
    function distance(x1, y1, x2, y2) {
        function square(x) {
            return x * x;
        }
        return Math.sqrt(square(x1 - x2) + square(y1 - y2));
    }
    var result = distance(0, 0, 3, 4);
    console.log(result);
</script>
```

实例运行结果如图 2-4 所示。

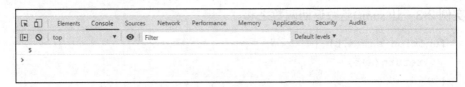

图 2-4　实例 2-4 运行结果

在上述代码中，函数 square()嵌套定义在函数 distance()中。函数 square()只能在函数 distance()中被调用。如果试图在函数 distance()外部调用函数 square()，将会出错。

2.3.2　递归函数

递归函数用于让一个函数从其内部调用其本身。需要注意的是，如果递归函数处理不当，会使程序陷入"死循环"。

实例 2-5　递归调用函数输出 0~4。

```
var  a = 0,b = 0;
function test1() {
    console.log(a);
    if(++a < 5) {
        test1();   // 递归调用
    }
}
test1();          // 调用函数
```

实例运行结果如图 2-5 所示。

图 2-5　实例 2-5 运行结果

实例 2-6　求 1+2+3+…+n 的值。

```
function sum(num) {
    if(num <= 1) {
        return 1;
    } else
    {
        return num + sum(num - 1);
    }
}

console.log(sum(5));
```

实例运行结果如图 2-6 所示。

图 2-6　实例 2-6 运行结果

2.4　变量的作用域

作用域是可访问变量的集合。在 JavaScript 中，对象和函数同样也是变量。因此，作用域也是可访问变量、对象、函数的集合。

（1）JavaScript 局部作用域

变量在函数内声明，即为局部变量。局部变量有局部作用域，只能在函数内部访问。示例代码如下。

```
// 此处不能调用 carName 变量

function myFunction() {
    var carName = "Volvo"; // 函数内可调用 carName 变量
}
```

在上述代码中，因为局部变量 carName 只作用于函数 myFunction() 内，所以在函数外部不能引用此变量。局部变量在函数开始执行时创建，函数执行完后局部变量会自动销毁。

（2）JavaScript 全局变量

变量在函数外定义，即为全局变量。全局变量有全局作用域，在网页中所有脚本和函数内均可使用。示例代码如下。

```
var carName = " Volvo"; // 此处可调用 carName 变量

function myFunction() {
// 函数内可调用 carName 变量
}
```

在上述代码中，carName 为全局变量，也可在函数内使用。

需要注意的是，如果变量在函数内没有声明（没有使用 var 关键字），则该变量为全局变量。示例代码如下。

```
// 此处可调用 carName 变量

function myFunction() {
    carName = "Volvo"; // 此处可调用 carName 变量
}
```

在上述代码中，carName 虽在函数 myFunction() 内，但为全局变量。

实例 2-7　查看以下代码中变量 a, b, c 的作用域。

```
<script type="text/javascript">
    var a = 1; //全部变量在本.js文件中都有效
    function t1() {
        var b = 10; //局部变量仅在本函数中有效
        c = 11;      //没有使用 var 声明，为全局变量
        console.log("t1: a = " + a);
        console.log("t1: b = " + b);
    }

    function t2() {
```

```
        console.log("t2: a = " + a);
        console.log("t2: c = " + c);// 可以调用函数 t1()中的全局变量 c
        console.log("t2: b = " + b);// 无法调用函数 t1()中的局部变量 b

    }
    t1();
    t2();
</script>
```

实例运行结果如图 2-7 所示。

图 2-7　实例 2-7 运行结果

2.5　JavaScript 中的系统函数

2.5.1　encodeURI()函数

encodeURI()函数可将字符串作为 URI 进行编码。

对于以下在 URI 中具有特殊含义的 ASCII 标点符号，encodeURI()函数不做转义：
","“/”“?”“:”“@”“&”“=”“+”“$”“#”（可以使用 encodeURIComponent()方法分别对上述的 ASCII 标点符号进行编码）。

语法格式如下。

```
encodeURI(uri)
```

其中，参数 uri 的描述如表 2-1 所示。

表 2-1　encodeURI()函数的参数描述

参数	描述
uri	必需。一个字符串，含有 URI 或其他要编码的文本

实例 2-8　使用 encodeURI()函数对 URI 进行编码。

```
var uri="my test.php?name=stale&car=saab";
```

```
document.write(encodeURI(uri)+ "<br>");
```

实例运行结果如图 2-8 所示。

图 2-8 实例 2-8 运行结果

2.5.2 decodeURI()函数

decodeURI()函数可对 encodeURI()函数编码过的 URI 进行解码。
语法格式如下。

```
decodeURI(uri)
```

其中，参数 uri 的描述如表 2-2 所示。

表 2-2 decodeURI()函数的参数描述

参数	描述
uri	必需。一个字符串，含有要解码的 URI 或其他要解码的文本

实例 2-9 使用 decodeURI()函数对一个编码后的 URI 进行解码。

```
var uri = "my test.php?name=stale&car=saab";
document.write(encodeURI(uri) + "<br>");
document.write(decodeURI(uri));
```

实例运行结果如图 2-9 所示。

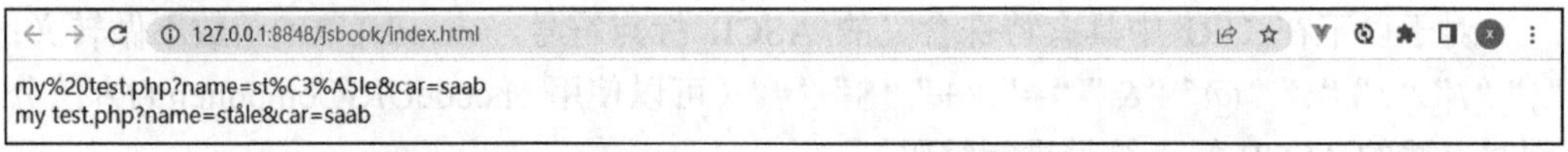

图 2-9 实例 2-9 运行结果

2.5.3 parseInt()函数

parseInt()函数主要用于将首位为数字的字符串转化为数字。如果字符串不是以数字开头，则将返回 NaN。
语法格式如下。

```
parseInt(数字字符串)
```

实例 2-10 使用 parseInt()函数将字符串转成数字。

```
var str = "10" + 20;
```

```
var sum = parseInt("10") + 20;
document.write(str + "<br/>");
document.write(sum + "<br/>");
```

实例运行结果如图 2-10 所示。

图 2-10　实例 2-10 运行结果

2.5.4　isNaN()函数

isNaN()函数用于检查其参数是否是非数字值。

说明：如果 isNaN()函数的参数值为 NaN 或字符串、对象、undefined 等非数字值，则返回 true，否则返回 false。

语法格式如下。

```
isNaN(value)
```

其中，参数 value 的描述如表 2-3 所示。

表 2-3　isNaN()的参数描述

参数	描述
value	必需。要检测的值

实例 2-11　检查数字是否非法。

```
document.write(isNaN(123) + "<br>");
document.write(isNaN(-1.23) + "<br>");
document.write(isNaN(5 - 2) + "<br>");
document.write(isNaN(0) + "<br>");
document.write(isNaN("Hello") + "<br>");
document.write(isNaN("2005/12/12") + "<br>");
```

实例运行结果如图 2-11 所示。

图 2-11　实例 2-11 运行结果

2.5.5　eval()函数

eval()函数用于计算 JavaScript 字符串，并把它作为脚本代码来执行。

说明： 如果参数是一个表达式，eval()函数将执行该表达式；如果参数是 JavaScript 语句，eval()函数将执行该 JavaScript 语句。

语法格式如下。

```
eval(string)
```

其中，参数 string 的描述如表 2-4 所示。

表 2-4　eval()函数的参数描述

参数	描述
string	必需。要计算的字符串，其中含有要计算的 JavaScript 表达式或要执行的语句

实例 2-12　执行 JavaScript 语句或表达式。

```
<script>

eval("x=10;y=20;document.write(x*y)");
document.write("<br>" + eval("2+2"));
document.write("<br>" + eval(x+17));

</script>
```

实例运行结果如图 2-12 所示。

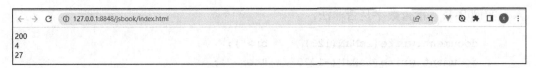

图 2-12　实例 2-12 运行结果

<h1 align="center">巩 固 练 习</h1>

1．计算两个数的乘积，并返回结果。
2．利用递归函数求 5 的阶乘。

第 3 章　JavaScript 中的对象

本章主要介绍 JavaScript 中对象的基本概念和自定义对象（包括 5 种内置对象和 6 种浏览器对象）。

3.1　对象的基本概念

3.1.1　对象的属性和方法

JavaScript 中所有事物都是对象，如字符串、数值、数组、函数，是带有属性和方法的特殊数据类型。JavaScript 允许自定义对象。

对象的属性是与对象相关的值，对象的方法是能够在对象上执行的动作。

前面已经学习过 JavaScript 变量的赋值。例如，以下代码为变量 car 赋值"Fiat"。

```
var car = "Fiat";
```

对象也是一个变量，但对象可以包含多个值（多个变量）。例如：

```
var car = {type:"Fiat", model:500, color:"white"};
```

一般使用字符{}来定义和创建 JavaScript 对象。例如：

```
var person = {firstName:"John", lastName:"Doe", age:50, eyeColor:"blue"};
```

定义 JavaScript 对象可以跨越多行，空格与换行不是必需的。

上述代码也可以写作

```
var person = {
    firstName:"John",
    lastName:"Doe",
    age:50,
    eyeColor:"blue"
};
```

可以说"JavaScript 对象是变量的容器"。但是，通常认为"JavaScript 对象是键值对的容器"。键值对通常写为"name : value"的形式（键与值以冒号分隔）。对象的方法定义了一个函数，并作为对象的属性存储，对象方法通过添加()调用（作为一个函数）。

实例 3-1 创建一个 person 对象，包含属性和方法。

```
<script type="text/javascript">
    var person = {
        firstName: "John",
        lastName: "Doe",
        id: 5566,
        fullName : function() {
            return this.firstName + " " + this.lastName;
        }
    };
    document.write(person.firstName + " " + person.lastName );
    document.write("加括号输出函数执行结果: " + person.fullName());
    document.write("不加括号输出函数表达式: " + person.fullName );
</script>
```

可以通过两种方式访问对象属性。例如，访问 person 对象的 lastName 属性可以写作

```
person.lastName;
```

或

```
person["lastName"];
```

如果调用 person 对象的 fullName()方法可以写作

```
name = person.fullName();
```

若要访问 person 对象的 fullName 属性，它将作为一个定义函数的字符串返回，代码如下。

```
name = person.fullName;
```

实例运行结果如图 3-1 所示。

图 3-1   实例 3-1 运行结果

3.1.2   属性的修改和删除

添加或修改属性的语法格式如下。

对象名.属性名 = 属性值；

实例 3-2　对 person 对象属性进行操作。

```
<script type="text/javascript">
    // 创建对象，定义属性和方法
    var person = {
        firstName: "John",
        lastName: "Doe",
        id: 5566,
        fullName : function() {
                return this.firstName + " " + this.lastName;
        }
    };
    // 调用对象的属性和方法
    document.write(person.firstName + " " + person.lastName +"<br />");
    document.write("加括号输出函数执行结果："+ person.fullName() +"<br />");
    document.write("不加括号输出函数表达式："+ person.fullName +"<br />");

    // 修改属性
    person.firstName = "COCO";
    document.write("修改后的属性值：" + person.firstName +"<br />");
    // 添加属性
    person.age = 18;
    document.write("新增 age 属性：" + person.age +"<br />");
    // 删除属性
    delete person.age;
      document.write("删除 age 属性：" + person.age +"<br />");
      // 删除对象
      for(var key in person){
          delete person[key];
      }
</script>
```

实例运行结果如图 3-2 所示。

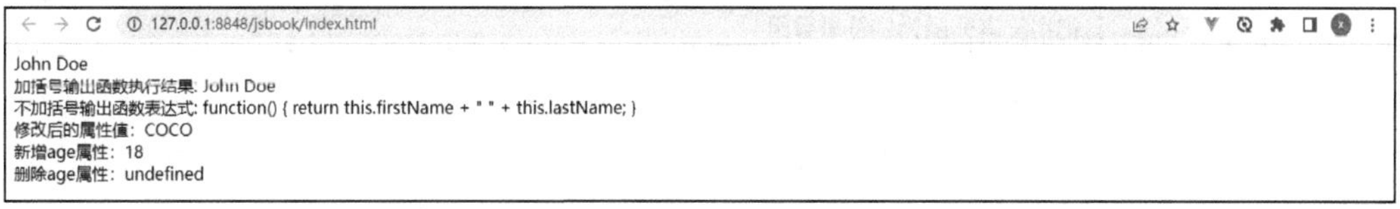

图 3-2　实例 3-2 运行结果

在上述实例中，使用 delete 关键字删除了 JavaScript 对象的属性。

```
delete person.age;
```

注意：若删除对象的所有属性，则为清空对象。

3.2 内 置 对 象

3.2.1 String 对象

字符串是 JavaScript 中一种基本的数据类型。String 对象的 length 属性声明了该字符串中的字符数。String 类定义了大量操作字符串的方法，例如，从字符串中提取字符或子串，检索字符或子串等。

String 对象具有的属性和方法如表 3-1 和表 3-2 所示。

表 3-1 String 对象属性

属性	描述
length	字符串的长度

表 3-2 String 对象方法

方法	描述
charAt()	返回指定位置的字符
charCodeAt()	返回指定位置字符的 Unicode 编码
concat()	连接两个或更多字符串，并返回新的字符串
fromCharCode()	将 Unicode 编码转换为字符
indexOf()	返回某个指定的字符串值在字符串中首次出现的位置
includes()	查找字符串中是否包含指定的子字符串
lastIndexOf()	从后向前搜索字符串，并从起始位置（0）开始计算返回字符串最后出现的位置
match()	查找一个或多个正则表达式的匹配
repeat()	复制字符串指定次数，并将它们连接在一起返回
replace()	在字符串中查找匹配的子串，并替换与正则表达式匹配的子串
search()	查找与正则表达式相匹配的值
slice()	提取字符串的一部分，并在新的字符串中返回被提取的部分
split()	把字符串分隔为字符串数组
startsWith()	查看字符串是否以指定的子字符串开头
substr()	从起始索引号提取字符串中指定数目的字符
substring()	提取字符串中两个指定的索引号之间的字符
toLowerCase()	把字符串转换为小写
toUpperCase()	把字符串转换为大写

续表

方法	描述
trim()	去除字符串两边的空白
toLocaleLowerCase()	根据本地主机的语言环境把字符串转换为小写
toLocaleUpperCase()	根据本地主机的语言环境把字符串转换为大写
valueOf()	返回某个字符串对象的原始值
toString()	返回一个字符串

下面介绍 String 对象常用的属性和方法。

1. 定义字符串（String）

一个字符串用于存储一系列字符，如"John Doe"。

一个字符串可以使用单引号或双引号。例如，可通过如下方式定义一个字符串。

```
var carname="Volvo XC60";
var carname='Volvo XC60';
```

2. length 属性

字符串（String）使用长度属性 length 来计算字符串的长度。

实例 3-3　获取字符串长度。

```
<script>
    // String 字符串对象
    var txt="Hello World!";
    document.write("<p>" + txt.length + "</p>");
    var txt="ABCDEFGHIJKLMNOPQRSTUVWXYZ";
    document.write("<p>" + txt.length + "</p>");
</script>
```

实例运行结果如图 3-3 所示。

图 3-3　实例 3-3 运行结果

3. indexOf()和 lastIndexOf()方法

字符串使用 indexOf()方法来定位字符串中某一指定字符首次出现的位置：索引值从 0 开始。

实例 3-4 使用 indexOf()方法查找索引。

```
var txt = "HelloWorld!"
var index = txt.indexOf("Hello");

document.write(index);
```

实例运行结果如图 3-4 所示。

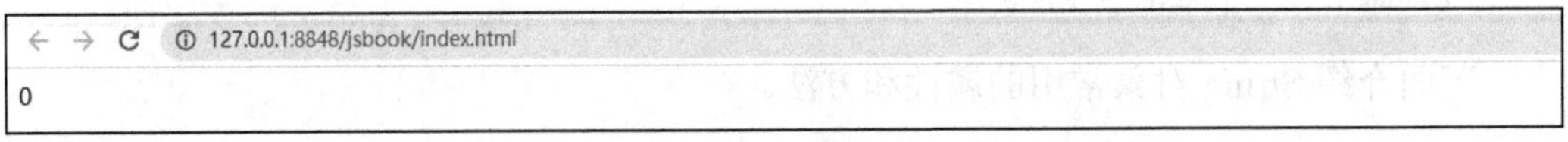

图 3-4　实例 3-4 运行结果

如果没找到对应的字符则返回-1。

lastIndexOf()方法在字符串末尾开始查找字符串出现的位置。

4. match()方法

match()方法用来查找字符串中特定的字符，如果找到的话，则返回这个字符。

实例 3-5 使用 match()方法查找特定字符。

```
<script>
    var str="Hello world!";
    document.write(str.match("world") + "<br>");
    document.write(str.match("World") + "<br>");
    document.write(str.match("world!"));
</script>
```

实例运行结果如图 3-5 所示。

图 3-5　实例 3-5 运行结果

5. replace()方法

replace()方法可在字符串中用某些字符替换另一些字符。

实例 3-6 使用 replace()方法进行字符替换。

```
var str = "Hello Microsoft!";
var txt = str.replace("Microsoft","Runoob");
document.write(txt);
```

实例运行结果如图 3-6 所示。

图 3-6　实例 3-6 运行结果

6. toUpperCase()和 toLowerCase()方法

字符串大小写转换使用 toUpperCase()（转换为大写）和 toLowerCase()（转换为小写）方法。

实例 3-7　字符串大小写转换。

```
var txt = "Hello World!";         // String
var txt1 = txt.toUpperCase();     // txt1 文本会转换为大写
var txt2 = txt.toLowerCase();     // txt2 文本会转换为小写
document.write(txt1);
document.write(txt2);
```

实例运行结果如图 3-7 所示。

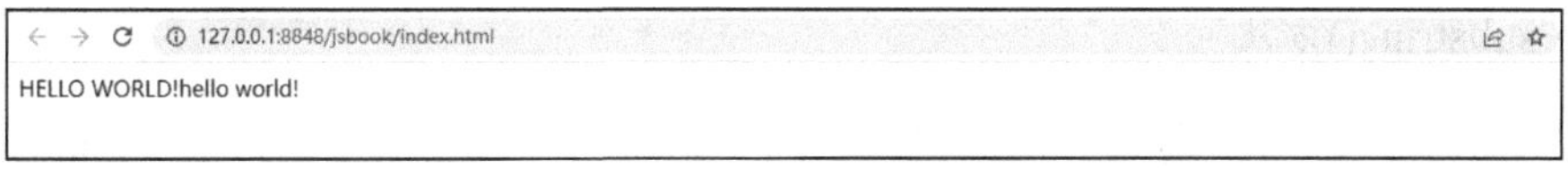

```
← → C  ① 127.0.0.1:8848/jsbook/index.html
HELLO WORLD!hello world!
```

图 3-7　实例 3-7 运行结果

7. split()方法

字符串通过 split()方法可转换为数组。

实例 3-8　使用 split()方法将字符串转换为数组。

```
var str="a,b,c,d,e,f";
var n=str.split(",");
for(var i = 0; i <= n.length; i++){
    document.write(i + "<br />");
}
```

实例运行结果如图 3-8 所示。

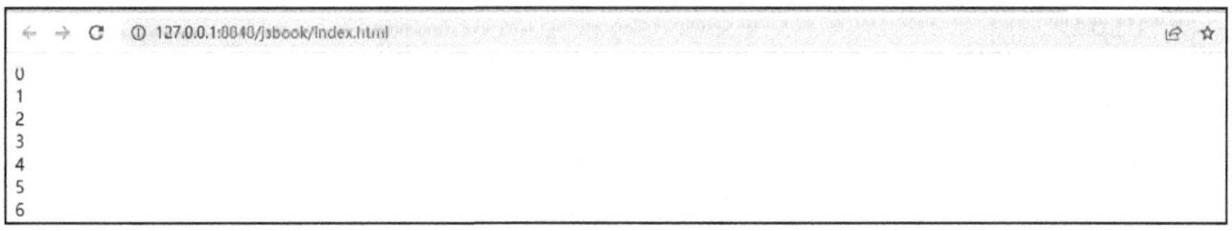

```
← → C  ① 127.0.0.1:8848/jsbook/index.html
0
1
2
3
4
5
6
```

图 3-8　实例 3-8 运行结果

8. charAt()方法

charAt()方法可返回指定位置的字符。第一个字符位置为 0，第二个字符位置为 1，以此类推。

语法格式如下。

```
string.charAt(index)
```

实例 3-9　返回字符串 str 中的第三个字符。

```
var str = "HELLO WORLD";
var n = str.charAt(2)
console.log(n)
```

实例运行结果如图 3-9 所示。

图 3-9　实例 3-9 运行结果

9. substring()方法

substring()方法用于提取字符串中介于两个指定下标之间的字符。substring()方法返回的子串包括开始处的字符，但不包括结束处的字符。

语法格式如下。

```
string.substring(from, to)
```

substring()方法的参数描述如表 3-3 所示。

表 3-3　substring()方法的参数描述

参数	描述
from	必需。一个非负的整数，规定要提取的子串的第一个字符在 string 对象中的位置
to	可选。一个非负的整数，比要提取的子串的最后一个字符在 string 对象中的位置多 1。如果省略该参数，那么返回的子串会一直到字符串的末尾

实例 3-10　使用 substring 方法从字符串中提取一些字符。

```
<script>

    var str="Hello world!";
    document.write(str.substring(3)+"<br>");
    document.write(str.substring(3,7));

</script>
```

实例运行结果如图 3-10 所示。

图 3-10　实例 3-10 运行结果

10.　trim()方法

trim()方法用于删除字符串的头尾空格。
语法格式如下。

```
string.trim()
```

实例 3-11　使用 trim()方法删除字符串前后的空格。

```
var str = " Run oob ";
alert(str.trim());
```

实例运行结果如图 3-11 所示。

图 3-11　实例 3-11 运行结果

3.2.2　Number 对象

在 JavaScript 中，数字是一种基本的数据类型。JavaScript 还支持 Number 对象，该对象是原始数值的包装对象。在必要时，JavaScript 会自动在原始数据和对象之间转换。
语法格式如下。

```
var num = new Number(value);
```

注意：如果一个参数值不能转换为一个数字，将返回 NaN（非数字值）。
Number 对象的常用属性如表 3-4 所示。

表 3-4　Number 对象的常用属性

属性	描述
MAX_VALUE	可表示的最大的数
MIN_VALUE	可表示的最小的数
NEGATIVE_INFINITY	负无穷大，溢出时返回该值
NaN	非数字值

Number 对象的常用方法如表 3-5 所示。

表 3-5　Number 对象的常用方法

方法	描述
isFinite()	检测指定参数是否为无穷大
toExponential(x)	把对象的值转换为指数记数法
toFixed(x)	把数字转换为字符串，结果的小数点后有指定位数的数字
toPrecision(x)	把数字格式转换为指定的长度
toString()	把数字转换为字符串，使用指定的基数
valueOf()	返回一个 Number 对象的基本数字值

实例 3-12　把数字转换为字符串。

```
var num = new Number(15);
var n = num.toString();
```

实例运行结果如图 3-12 所示。

图 3-12　实例 3-12 运行结果

实例 3-13　使用不同进制把一个数字转换为字符串。

```
var num = 15;
var a = num.toString();
var b = num.toString(2);
var c = num.toString(8);
var d = num.toString(16);
```

实例运行结果如图 3-13 所示。

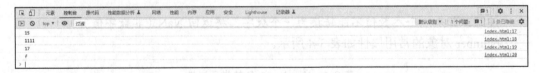

图 3-13　实例 3-13 运行结果

3.2.3　Math 对象

Math 对象用于执行数学任务。Math 对象提供了与数学计算相关的属性和方法。
语法格式如下。

```
var x = Math.PI;          // 返回 PI
var y = Math.sqrt(16);    // 返回 16 的平方根
```

Math 对象的常用属性如表 3-6 所示。

表 3-6　Math 对象的常用属性

属性	描述
E	返回算术常量 e，即自然对数的底数
LN2	返回 2 的自然对数
LN10	返回 10 的自然对数
LOG2E	返回以 2 为底的 e 的对数
LOG10E	返回以 10 为底的 e 的对数
PI	返回圆周率
SQRT1_2	返回 2 的平方根的倒数
SQRT2	返回 2 的平方根

Math 对象的常用方法如表 3-7 所示。

表 3-7　Math 对象的常用方法

方法	描述
abs(x)	返回 x 的绝对值
acos(x)	返回 x 的反余弦值
asin(x)	返回 x 的反正弦值
atan(x)	以介于 -PI/2 与 PI/2 弧度之间的数值来返回 x 的反正切值
atan2(y,x)	返回从 x 轴到点(x,y)的角度（介于 -PI/2 与 PI/2 弧度之间）
ceil(x)	对数进行上舍入
cos(x)	返回 x 的余弦
exp(x)	返回 E^x 的数值
floor(x)	对 x 进行下舍入
log(x)	返回 x 的自然对数（底为 e）
max(x,y,z,···,n)	返回 x,y,z,···,n 中的最大值
min(x,y,z,···,n)	返回 x,y,z,···,n 中的最小值
pow(x,y)	返回 x 的 y 次幂
random()	返回 0~1 的随机数
round(x)	四舍五入
sin(x)	返回 x 的正弦
sqrt(x)	返回 x 的平方根
tan(x)	返回角的正切

其中，两个常用方法的用法如下。

1. random()方法

语法格式如下。

```
Math.random()
```

该方法的返回值是一个伪随机数，其范围如表 3-8 所示。

表 3-8　random()方法的返回值

类型	描述
Number	0（包含）至 1（不包含）之间的一个伪随机数

实例 3-14　取 1 至 10 之间的一个随机整数。

```
Math.floor((Math.random()*10)+1);
```

实例运行结果如图 3-14 所示。

图 3-14　实例 3-14 运行结果

这里通过 Math.floor()方法取整。

实例 3-15　取 1 至 100 之间的一个随机数。

```
Math.floor((Math.random()*100)+1);
```

实例运行结果如图 3-15 所示。

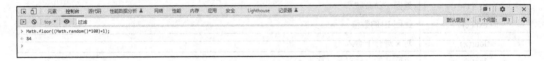

图 3-15　实例 3-15 运行结果

2. round()方法

round()方法可将一个数字舍入为最接近的整数。
语法格式如下。

```
Math.round(x)
```

round()方法的参数值和返回值分别如表 3-9 和表 3-10 所示。

表 3-9　round()方法的参数值

参数	描述
x	必需。必须是数字

表 3-10　round()方法的返回值

类型	描述
Number	最接近的整数

例如，Math.round(2.5)的结果为 3，而 Math.round(2.49)的结果为 2。

实例 3-16　把不同的数舍入为最接近的整数。

```
var a=Math.round(2.60);
var b=Math.round(2.50);
var c=Math.round(2.49);
var d=Math.round(-2.60);
var e=Math.round(-2.50);
var f=Math.round(-2.49);
```

实例运行结果如图 3-16 所示。

图 3-16　实例 3-16 运行结果

3.2.4　Date 对象

Date 对象用于处理日期与时间。Date 对象的常用方法如表 3-11 所示。

表 3-11　Data 对象的常用方法

方法	描述
getDate()	从 Date 对象返回月中的一天（1～31）
getDay()	从 Date 对象返回周中的一天（0～6）
getFullYear()	从 Date 对象以四位数字返回年份
getHours()	返回 Date 对象的小时（0～23）
getMilliseconds()	返回 Date 对象的毫秒（0～999）
getMinutes()	返回 Date 对象的分钟（0～59）
getMonth()	从 Date 对象返回月份（0～11）

方法	描述
getSeconds()	返回 Date 对象的秒数（0~59）
getTime()	返回 1970 年 1 月 1 日至今的毫秒数
getTimezoneOffset()	返回本地时间与格林威治标准时间（GMT）的分钟差
getUTCDate()	根据世界时从 Date 对象返回月中的一天（1~31）
getUTCDay()	根据世界时从 Date 对象返回周中的一天（0~6）
getUTCFullYear()	根据世界时从 Date 对象返回四位数的年份
getUTCHours()	根据世界时返回 Date 对象中的小时（0~23）
getUTCMilliseconds()	根据世界时返回 Date 对象中的毫秒（0~999）
getUTCMinutes()	根据世界时返回 Date 对象中的分钟（0~59）
getUTCMonth()	根据世界时返回 Date 对象中的月份（0~11）
getUTCSeconds()	根据世界时返回 Date 对象中的秒钟（0~59）
getYear()	已废弃。请使用 getFullYear()方法代替
parse()	返回 1970 年 1 月 1 日午夜到指定日期（字符串）的毫秒数
setDate()	设置 Date 对象中月的某一天（1~31）
setFullYear()	设置 Date 对象中的年份（四位数字）
setHours()	设置 Date 对象中的小时（0~23）
setMilliseconds()	设置 Date 对象中的毫秒（0~999）
setMinutes()	设置 Date 对象中的分钟（0~59）
setMonth()	设置 Date 对象中的月份（0~11）
setSeconds()	设置 Date 对象中的秒钟（0~59）
setTime()	以毫秒设置 Date 对象
setUTCDate()	根据世界时设置 Date 对象中月份的一天（1~31）
setUTCFullYear()	根据世界时设置 Date 对象中的年份（四位数字）
setUTCHours()	根据世界时设置 Date 对象中的小时（0~23）
setUTCMilliseconds()	根据世界时设置 Date 对象中的毫秒（0~999）
setUTCMinutes()	根据世界时设置 Date 对象中的分钟（0~59）
setUTCMonth()	根据世界时设置 Date 对象中的月份（0~11）
setUTCSeconds()	根据世界时设置指定时间的秒字段
setYear()	已废弃。请使用 setFullYear()方法代替
toDateString()	把 Date 对象的日期部分转换为字符串
toGMTString()	已废弃。请使用 toUTCString()方法代替
toISOString()	使用 ISO 标准返回字符串的日期格式
toJSON()	以 JSON 数据格式返回日期字符串
toLocaleDateString()	根据本地时间格式，把 Date 对象中的日期部分转换为字符串
toLocaleTimeString()	根据本地时间格式，把 Date 对象中的时间部分转换为字符串
toLocaleString()	根据本地时间格式，把 Date 对象转换为字符串
toString()	把 Date 对象转换为字符串
toTimeString()	把 Date 对象中的时间部分转换为字符串

方法	描述
toUTCString()	根据世界时，把 Date 对象转换为字符串
UTC()	根据世界时返回 1970 年 1 月 1 日到指定日期的毫秒数
valueOf()	返回 Date 对象中的原始值

1. 创建日期

Date 对象用于处理日期和时间。

可以通过 new 关键字来定义 Date 对象。以下代码定义了名为 myDate 的 Date 对象。有四种方式初始化日期。

```
var myDate = new Date()            // 当前日期和时间
myDate = new Date(milliseconds) //返回从 1970 年 1 月 1 日至今的毫秒数
myDate = new Date(dateString)
myDate = new Date(year, month, day, hours, minutes, seconds,
milliseconds)
```

上面的参数大多数是可选的，在不指定的情况下，默认参数是 0。

实例化一个日期的示例代码如下。

```
var today = new Date()
var d1 = new Date("October 13, 1975 11:13:00")
var d2 = new Date(79,5,24)
var d3 = new Date(79,5,24,11,33,0)
```

2. 设置日期

通过使用针对日期对象的方法，可以很容易地对日期进行操作。

在下面的代码中，为日期对象设置了一个特定的日期：2010 年 1 月 14 日。

```
var myDate=new Date();
myDate.setFullYear(2010,0,14);
```

在下面的代码中，将日期对象设置为 5 天后的日期。

```
var myDate=new Date();
myDate.setDate(myDate.getDate()+5);
```

注意：如果增加天数会改变月份或者年份，那么日期对象会自动完成这种转换。

3. 两个日期比较

日期对象也可用于比较两个日期。

下面的代码将当前日期与 2100 年 1 月 14 日进行比较。

```
var x=new Date();
x.setFullYear(2100,0,14);var today = new Date();
if (x>today){
    alert("今天是 2100 年 1 月 14 日之前");
}else{
    alert("今天是 2100 年 1 月 14 日之后");}
```

实例 3-17 把日期格式转换为指定格式。

```
// 把日期格式转换为指定格式
Date.prototype.format = function(fmt) {
    var o = {
        "M+": this.getMonth() + 1,      //月份
        "d+": this.getDate(),           //日
        "h+": this.getHours(),          //小时
        "m+": this.getMinutes(),        //分
        "s+": this.getSeconds(),        //秒
        "q+": Math.floor((this.getMonth() + 3) / 3), //季度
        "S": this.getMilliseconds() //毫秒
    };

    if(/(y+)/.test(fmt)) {
        fmt = fmt.replace(RegExp.$1, (this.getFullYear() + "").substr(4 -
RegExp.$1.length));
    }

    for(var k in o) {
        if(new RegExp("(" + k + ")").test(fmt)) {
            fmt = fmt.replace(
                RegExp.$1, (RegExp.$1.length == 1) ? (o[k]) : (("00" +
o[k]).substr(("" + o[k]).length)));
        }
    }

    return fmt;
}

document.write(new Date().format("yyyy 年 MM 月 dd 日"));
document.write(new Date().format("MM/dd/yyyy"));
document.write(new Date().format("yyyyMMdd"));
document.write(new Date().format("yyyy-MM-dd hh:mm:ss"));
```

实例运行结果如图 3-17 所示。

图 3-17　实例 3-17 运行结果

3.2.5　Array 对象

数组对象的作用：使用单独的变量名来存储一系列的值。

1. 数组的概念

数组是一种用于存储多个值的数据结构。这些值可以是相同类型的，也可以是不同类型的。在大多数编程语言中，数组提供了一种有效的方式来组织和访问数据。

数组对象是使用单独的变量名来存储一系列的值。

例如，有一组数据（如车名），存在如下单独变量。

```
var car1="Saab";
var car2="Volvo";
var car3="BMW";
```

如果人们想从中找出某一辆车，并且总量不是 3 辆，而是 300 辆，那该怎么做呢？这不是一件容易的事！

最好的方法就是使用数组。数组可以用一个变量名存储所有的值，并且可以用变量名访问任何一个值。数组中的每个元素都有自己的 ID，以便可以很容易地被访问。

2. 创建一个数组

创建一个数组，有三种方式：常规方式、简洁方式和字面量定义方式。

下面的代码定义了一个名为 myCars 的数组对象。

（1）常规方式

```
var myCars=new Array();
myCars[0]="Saab";
myCars[1]="Volvo";
myCars[2]="BMW";
```

（2）简洁方式

```
var myCars=new Array("Saab","Volvo","BMW");
```

（3）字面量定义方式

```
var myCars=["Saab","Volvo","BMW"];
```

3. 访问数组

通过指定数组名及索引，可以访问某个特定的数组元素。

以下实例可以访问 myCars 数组的第一个值。

```
var name=myCars[0];
```

以下实例修改了 myCars 数组的第一个元素。

```
myCars[0]="Opel";
```

注意：[0]是数组的第一个元素，[1]是数组的第二个元素。

4. Array 对象的属性和方法

Array 对象的属性和方法如表 3-12 和表 3-13 所示。

表 3-12　Array 对象的属性

属性	描述
length	设置或返回数组元素的个数

表 3-13　Array 对象的方法

方法	描述
concat()	连接两个或更多的数组，并返回结果
copyWithin()	从数组的指定位置复制元素到数组的另一个指定位置
entries()	返回数组的可迭代对象
every()	检测数值元素的每个元素是否都符合条件
fill()	使用一个固定值来填充数组
filter()	检测数值元素，并返回一个包含所有符合条件元素的新数组
find()	返回符合传入测试（函数）条件的数组元素
findIndex()	返回符合传入测试（函数）条件的数组元素索引
forEach()	数组中的每个元素都执行一次回调函数
from()	通过给定的对象创建一个数组
includes()	判断一个数组是否包含一个指定的值
indexOf()	搜索数组中的元素，并返回其所在的位置
isArray()	判断对象是否为数组
join()	把数组的所有元素放入一个字符串中
keys()	返回数组的可迭代对象，包含原始数组的键（key）
lastIndexOf()	搜索数组中的元素，并返回其最后出现的位置
map()	通过指定函数处理数组的每个元素，并返回处理后的数组
pop()	删除数组的最后一个元素，并返回删除的元素
push()	向数组的末尾添加一个或更多元素，并返回新的长度

续表

方法	描述
reduce()	将数组元素计算为一个值（从左到右）
reduceRight()	将数组元素计算为一个值（从右到左）
reverse()	反转数组的元素顺序
shift()	删除并返回数组的第一个元素
slice()	选取数组的一部分，并返回一个新数组
some()	检测数组元素中是否有元素符合指定条件
sort()	对数组的元素进行排序
splice()	向数组中添加元素或从数组中删除元素
toString()	把数组转换为字符串，并返回结果
unshift()	向数组的开头添加一个或更多元素，并返回新的长度
valueOf()	返回数组对象的原始值

下面对部分常用属性和方法进行说明。

（1）length 属性

length 属性用于获取数组的长度。

语法格式如下。

```
数组名.length
```

实例 3-18　获取数组的长度。

```
<script type="text/javascript">
    //创建数组
    var arr1 = new Array();
    var arr2=new Array(1,2,3,4,5,6);
    //输出数组长度
    document.write(arr1.length+"<br/>");
    document.write(arr2.length+"<br/>");
</script>
```

实例运行结果如图 3-18 所示。

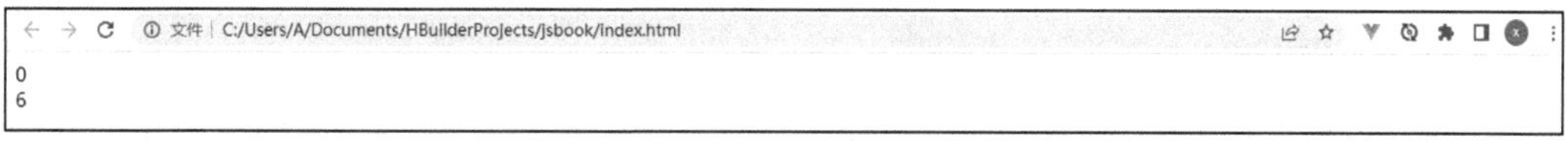

图 3-18　实例 3-18 运行结果

当使用 new Array()方法创建数组时，在不对其进行赋值的情况下，length 属性的返回值为 0。

（2）indexOf()方法

indexOf()方法可返回数组中某个指定元素的位置。该方法将从头到尾检索数组，查看它是否含有对应的元素。开始检索的位置在数组的 start 处或数组的开头（没有指定 start 参数时）。如果找到一个 item，则返回 item 第一次出现的位置。开始位置的索引为 0。如果在数组中没找到指定元素，则返回-1。

语法格式如下。

```
array.indexOf(item,start)
```

indexOf()方法的参数和返回值如表 3-14 和表 3-15 所示。

表 3-14   indexOf()方法的参数

参数	描述
item	必需。查找的元素
start	可选的整数参数。规定在数组中开始检索的位置。它的合法取值是 0 到 stringObject.length-1。如果省略该参数，则将从字符串的首字符开始检索

表 3-15   indexOf()方法的返回值

类型	描述
Number	元素在数组中的位置，如果没有搜索到则返回-1

实例 3-19   查找数组中的元素"Apple"，在数组的第 4 个位置开始检索。

```
var fruits=["Banana","Orange","Apple","Mango","Banana","Orange","Apple"];
var a = fruits.indexOf("Apple",4);
```

实例运行结果如图 3-19 所示。

图 3-19   实例 3-19 运行结果

（3）join()方法

join()方法用于将数组中的所有元素转换为一个字符串。其中，元素通过指定的分隔符进行分隔。

语法格式如下。

```
array.join(separator)
```

join()方法的参数和返回值如表 3-16 和表 3-17 所示。

表 3-16　join()方法的参数

参数	描述
separator	可选。指定要使用的分隔符。如果省略该参数，则默认使用英文逗号作为分隔符

表 3-17　join()方法的返回值

类型	描述
String	返回一个字符串。该字符串是通过将 Array 对象的每个元素转换为字符串，然后把这些字符串连接起来，在两个元素之间插入 separator 字符串而生成的

实例 3-20　使用不同的分隔符。

```
var fruits = ["Banana", "Orange", "Apple", "Mango"];
var energy = fruits.join(" and ");
```

实例运行结果如图 3-20 所示。

图 3-20　实例 3-20 运行结果

（4）reverse()方法

reverse()方法用于颠倒数组中元素的顺序。

语法格式如下。

```
array.reverse()
```

reverse()方法的返回值如表 3-18 所示。

表 3-18　reverse()方法的返回值

类型	描述
Array	颠倒顺序后的数组

实例 3-21　颠倒数组中元素的顺序。

```
var fruits = ["Banana", "Orange", "Apple", "Mango"];
fruits.reverse();
```

实例运行结果如图 3-21 所示。

图 3-21　实例 3-21 运行结果

（5）forEach()方法

forEach()方法用于调用数组的每个元素，并将元素传递给回调函数。

语法格式如下。

```
array.forEach(function(currentValue, index, arr), thisValue)
```

forEach()方法的参数如表 3-19 所示。

表 3-19　forEach()方法的参数

参数	描述
function(currentValue, index, arr)	必需。数组中每个元素需要调用的函数 currentValue：必需。当前元素 index：可选。当前元素的索引值 arr：可选。当前元素所属的数组对象
thisValue	可选。传递给函数的值一般用"this"值。 如果这个参数为空，"undefined"会传递给"this"值

实例 3-22　列出数组的每个元素。

```
// for 循环遍历
for(var i = 0; i < myCars.length; i++){
    document.write(myCars[i] + "<br />");
}

// forEach()方法遍历
myCars.forEach(function(currentValue,index){
    document.write(currentValue + "<br />");
})
```

实例运行结果如图 3-22 所示。

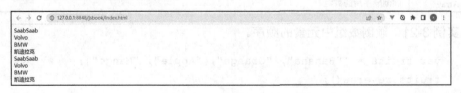

图 3-22　实例 3-22 运行结果

3.3　浏览器对象

3.3.1　Window 对象

所有浏览器都支持 Window 对象。它表示浏览器窗口。JavaScript 所有的全局对象、函数及变量均可自动成为 Window 对象的成员。全局变量是 Window 对象的属性，全局函数是 Window 对象的方法，甚至 HTML DOM 的 document 也是 Window 对象的属性之一。

```
window.document.getElementById("header");
```

等价于

```
document.getElementById("header");
```

Window 对象的常用属性和方法如表 3-20 和表 3-21 所示。

表 3-20　Window 对象的常用属性

属性	描述
document	对 Document 对象的只读引用
history	对 History 对象的只读引用
location	用于窗口或框架的 Location 对象
name	设置或返回窗口的名称
navigator	对 Navigator 对象的只读引用
Screen	对 Screen 对象的只读引用
self	返回对当前窗口的引用，等价于 window 属性
window	window 属性等价于 self 属性，它包含了对窗口自身的引用
parent	返回父窗口
top	返回顶层的先辈窗口

表 3-21　Window 对象的常用方法

方法	描述
prompt()	显示可提示用户输入的对话框
alert()	显示带有一条提示信息和一个"确定"按钮的警告框
confirm()	显示一个带有提示信息、"确定"和"取消"按钮的对话框
close()	关闭浏览器窗口
open()	打开一个新的浏览器窗口，加载给定 URL 所指定的文档
setTimeout()	在指定的毫秒数后调用函数或表达式
setInterval()	按照指定的周期（以毫秒计）来调用函数或表达式

下面介绍几个常用的属性和方法。

1. open()方法

open()方法用于打开一个新的浏览器窗口或查找一个已命名的窗口。

语法格式如下。

```
window.open(URL,name,specs,replace)
```

open()方法的参数如表 3-22 所示。

表 3-22 open()方法的参数

参数	描述
URL	可选。打开指定的页面的 URL。如果没有指定 URL，打开一个新的空白窗口
name	可选。指定 target 属性或窗口的名称。支持以下值。 _blank：URL 加载到一个新的窗口，这是默认值； _parent：URL 加载到父框架； _self：URL 替换当前页面； _top：URL 替换任何可加载的框架集； name：窗口名称
specs	可选。一个英文半角逗号分隔的项目列表。支持以下值。 channelmode=yes|no|1|0：是否要在影院模式显示窗口，默认值为 no，仅限 IE 浏览器； directories=yes|no|1|0：是否添加目录按钮，默认值为 yes，仅限 IE 浏览器； fullscreen=yes|no|1|0：浏览器是否显示全屏模式，默认值为 no，在全屏模式下的窗口，还必须处于影院模式，仅限 IE 浏览器； height=pixels：窗口的高度，最小值为 100； left=pixels：该窗口的左侧位置； location=yes|no|1|0：是否显示地址字段，默认值为 yes； menubar=yes|no|1|0：是否显示菜单栏，默认值为 yes； resizable=yes|no|1|0：是否可调整窗口大小，默认值为 yes； scrollbars=yes|no|1|0：是否显示滚动条，默认值为 yes； status=yes|no|1|0：是否要添加一个状态栏，默认值为 yes； titlebar=yes|no|1|0：是否显示标题栏，被忽略，除非调用 HTML 应用程序或一个值得信赖的对话框，默认值为 yes； toolbar=yes|no|1|0：是否显示浏览器工具栏，默认值为 yes； top=pixels：窗口顶部的位置，仅限 IE 浏览器； width=pixels：窗口的宽度，最小值为 100
replace	Optional.Specifies 规定了装载到窗口的 URL 是在窗口的浏览历史中创建一个新条目，还是替换浏览历史中的当前条目。支持以下值； true：URL 替换浏览历史中的当前条目； false：URL 在浏览历史中创建新的条目

实例 3-23 打开一个指定页面。

```
<!DOCTYPE html>
```

```
<html>
    <head>
        <meta charset="UTF-8">
        <title></title>
        <script>
            function open_win() {
                window.open("http://www.baidu.com");
            }
        </script>
    </head>
    <body>
        <input type="button" value="打开窗口" onclick="open_win()">
    </body>
</html>
```

实例运行结果如图 3-23 所示。

图 3-23　实例 3-23 运行结果

单击"打开窗口"按钮，浏览器页面将跳转到指定的路径——百度首页。

实例 3-24 设置窗口的大小和全屏。

```
<script type="text/javascript">
    function openFixWindow() {
        window.open("http://www.baidu.com", "_blank", "toolbar=yes,
location=yes, status=no, menubar=yes, scrollbars=yes,resizable=no, width=
400, height=400");
    }
    function openFullScreen(){
        window.open("http://www.baidu.com", "", "fullscreen=yes");
    }
 </script>
<body>
    <button onclick="openFixWindow()">打开固定大小的窗</button>
    <button onclick="openFullScreen()">全屏显示</button>
</body>
```

实例运行结果如图 3-24 所示。

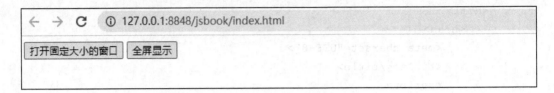

图 3-24　实例 3-24 运行结果

单击相应按钮可以看到固定大小的窗口或页面全屏。

2. alert()方法

alert()方法用于显示带有一条指定消息和一个"确定"按钮的警告框。
语法格式如下。

```
alert(message)
```

实例 3-25　显示一个警告框。

```
<head>
<script>
    function myFunction() {
        alert("你好，我是一个警告框！");
    }
</script>
</head>
    <body>
        <input type="button" onclick="myFunction()" value="显示警告框" />
    </body>
```

实例运行结果如图 3-25 所示。

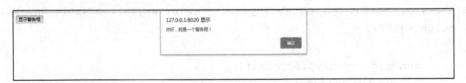

图 3-25　实例 3-25 运行结果

3. confirm()方法

confirm()方法用于显示一个带有指定消息、"确定"按钮及"取消"按钮的确认框。
如果访问者单击"确定"按钮，此方法将返回 true，否则返回 false。
语法格式如下。

```
confirm(message)
```

实例 3-26　显示一个确认框，提醒用户单击什么。

```html
<body>

        <p>单击按钮，显示确认框。</p>
        <button onclick="myFunction()">点我</button>
        <p id="demo"></p>
        <script>
            function myFunction() {
                var x;
                var r = confirm("按下按钮!");
                if(r == true) {
                    x = "你按下了\"确定\"按钮!";
                } else {
                    x = "你按下了\"取消\"按钮!";
                }
                document.getElementById("demo").innerHTML = x;
            }
        </script>

    </body>
```

实例运行结果如图 3-26 所示。

图 3-26　实例 3-26 运行结果

4. setInterval()方法

setInterval()方法可按照指定的周期（以毫秒计）来调用函数或表达式。

setInterval()方法会不停地调用函数，直到 clearInterval()被调用或窗口被关闭。由 setInterval()返回的 ID 值可用作 clearInterval() 方法的参数。

提示：1000 毫秒=1 秒。

语法格式如下。

```
setInterval(code, milliseconds);
setInterval(function, milliseconds, param1, param2, ...)
```

setInterval()方法的参数如表 3-23 所示。

表 3-23　setInterval()方法的参数

参数	描述
code/function	必需。要调用一个代码串，也可以是一个函数
milliseconds	可选。执行或调用 code/function 需要等待的时间，以毫秒计。默认为 0
param1, param2, ...	可选。 传给执行函数的其他参数（IE9 及其更早版本不支持该参数）

实例 3-27　通过调用一个已命名的函数，每 3 秒（3000 毫秒）弹出"Hello"。

```
<script>
    var myVar;

    function myFunction() {
        myVar = setInterval(alertFunc, 3000);
    }

    function alertFunc() {
        alert("Hello!");
    }
</script>

<body>

    <p>单击按钮，等待 3 秒会弹出 "Hello"。</p>
    <p>在弹出的对话框中单击 "确定" 按钮，3 秒后会继续弹出。如此循环下去...</p>
    <button onclick="myFunction()">点我</button>

</body>
```

实例运行结果如图 3-27 所示。

图 3-27　实例 3-27 运行结果

实例 3-28　显示当前时间（setInterval()方法会每秒执行一次函数）。

```
<script>
    var myVar = setInterval(function() {
        myTimer()
    }, 1000);
```

```
function myTimer() {
    var d = new Date();
    var t = d.toLocaleTimeString();
    document.getElementById("demo").innerHTML = t;
}
</script>
<body>
    <p>显示当前时间:</p>
    <p id="demo"></p>
</body>
```

实例运行结果如图 3-28 所示: 每秒刷新一次, 达到动态效果。

图 3-28　实例 3-28 运行结果

实例 3-29　使用 clearInterval()方法停止 setInterval()方法的执行。

```
<script>
    var myVar = setInterval(function() {
        myTimer()
    }, 1000);

    function myTimer() {
        var d = new Date();
        var t = d.toLocaleTimeString();
        document.getElementById("demo").innerHTML = t;
    }

    function myStopFunction() {
        clearInterval(myVar);
    }
</script>

<body>

    <p>显示当前时间:</p>
    <p id="demo"></p>

    <button onclick="myStopFunction()">停止时间</button>

</body>
```

实例运行结果如图 3-29 所示：单击"停止时间"按钮，则停止定时器，从而停止时间。

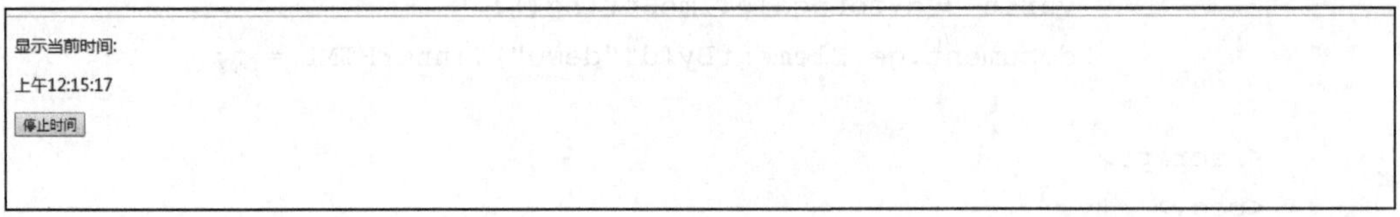

显示当前时间:
上午12:15:17
停止时间

图 3-29　实例 3-29 运行结果

5. setTimeout()方法

setTimeout()方法用于在指定的毫秒数后调用函数或表达式。
语法格式如下。

```
setTimeout(code, milliseconds, param1, param2, ...)
setTimeout(function, milliseconds, param1, param2, ...)
```

setTimeout()方法的参数如表 3-24 所示。

表 3-24　setTimeout()方法的参数

参数	描述
code/function	必需。要调用一个代码串，也可以是一个函数
milliseconds	可选。执行或调用 code/function 需要等待的时间，以毫秒计。默认为 0
param1, param2, ...	可选。传给执行函数的其他参数（IE9 及其更早版本不支持该参数）

实例 3-30　3 秒（3000 毫秒）后弹出"Hello"。

```html
<body>

    <p>单击按钮，3 秒后会弹出 "Hello"。</p>
    <button onclick="myFunction()">点我</button>

    <script>
        var myVar;

        function myFunction() {
            myVar = setTimeout(alertFunc, 3000);
        }

        function alertFunc() {
            alert("Hello!");
        }

    </script>

</body>
```

实例运行结果如图 3-30 所示。

图 3-30　实例 3-30 运行结果

实例 3-31　使用 clearTimeout()方法阻止函数的执行。

```
<body>

    <p>单击按钮，等待 3 秒后弹出 "Hello" 。</p>
    <p>单击第二个按钮来阻止弹出函数 myFunction()的执行(你必须在 3 秒前单击)。</p>

    <button onclick="myFunction()">先点我</button>
    <button onclick="myStopFunction()">阻止弹出</button>

    <script>
        var myVar;

        function myFunction() {
            myVar = setTimeout(function() {
                alert("Hello")
            }, 3000);
        }

        function myStopFunction() {
            clearTimeout(myVar);
        }
    </script>

</body>
```

实例运行结果如图 3-31 所示。

图 3-31　实例 3-31 运行结果

3.3.2　Document 对象

当浏览器载入 HTML 文档时，它就会成为 Document 对象。Document 对象是 HTML 文档的根节点。Document 对象使用户可以从脚本中对 HTML 页面中的所有元素进行访问。

Document 对象的常用属性和方法如表 3-25 和表 3-26 所示。

表 3-25　Document 对象的常用属性

属性	描述
referrer	返回载入当前文档的 URL
title	返回当前文档的标题
URL	返回当前文档的 URL

表 3-26　Document 对象的常用方法

方法	描述
document.getElementsByClassName()	返回文档中所有指定类名的元素集合，作为 NodeList 对象
document.getElementById()	返回对拥有指定 ID 的第一个对象的引用
document.getElementsByName()	返回带有指定名称的对象集合
document.getElementsByTagName()	返回带有指定标签名的对象集合
document.write()	向文档写 HTML 表达式或 JavaScript 代码
document.writeln()	等价于 write()方法，不同的是在每个表达式之后写一个换行符

下面具体介绍 Document 对象的常用方法。

1. write()和 writeln()方法

write()方法可向文档写入 HTML 表达式或 JavaScript 代码。

语法格式如下。

```
document.write(exp1,exp2,exp3,...)
```

write()方法的参数如表 3-27 所示。

表 3-27　write()方法的参数

参数	描述
exp1,exp2,exp3,...	可选。要写入的输出流。多个参数可以列出，它们将按出现的顺序被追加到文档中

实例 3-32　向输出流写入一些文本。

```
<html>
    <body>
```

```
<script>
    document.write("Hello World!");
</script>


    </body>
  </html>
```

实例运行结果如图 3-32 所示。

图 3-32　实例 3-32 运行结果

writeln()方法是 write()方法的一个变体，它的语法与 write()相似，只是在输出的文本末尾添加一个换行符。

实例 3-33　write()与 writeln()的区别。

```
<body>

    <p>注意 write()方法不会在每条语句后面新增一行：</p>

    <script>
        document.write("Hello World!");
        document.write("Have a nice day!");
    </script>

    <p>注意 writeln()方法在每条语句后面新增一行：</p>

    <script>
        document.writeln("Hello World!");
        document.writeln("Have a nice day!");
    </script>

    </body>
```

实例运行结果如图 3-33 所示。

注意：在许多现代的浏览器环境中，writeln()方法在输出时并不总是会在每个参数之间添加换行符，所以会出现运行结果与 write()方法一样的情况。

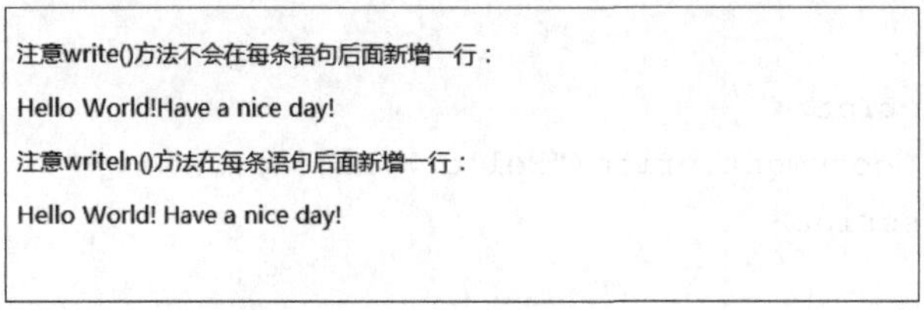

```
注意write()方法不会在每条语句后面新增一行：
Hello World!Have a nice day!
注意writeln()方法在每条语句后面新增一行：
Hello World! Have a nice day!
```

图 3-33   实例 3-33 运行结果

2. getElementById()方法

getElementById()方法可返回对拥有指定 ID 的第一个对象的引用。

HTML DOM 定义了多种查找元素的方法，除了 getElementById()之外，还有 getElementsByName()和 getElementsByTagName()。

如果未找到指定 ID 的元素，则返回 null；如果存在多个指定 ID 的元素，则返回 undefined。

语法格式如下。

```
document.getElementById(elementID)
```

getElementById()方法的参数和返回值如表 3-28 和表 3-29 所示。

表 3-28   getElementById()方法的参数

参数	类型	描述
elementID	String	必需。元素 ID 属性值

表 3-29   getElementById()方法的返回值

类型	描述
元素对象	指定 ID 的元素

实例 3-34   单击按钮改变 DOM 元素文本内容。

```
<body>
    <p id="demo">单击按钮改变该 dom 元素中的文本</p>
    <button onclick="myFunction()">点我</button>
    <script>
        function myFunction() {
                document.getElementById("demo").innerHTML = "Hello World";
            };
    </script>
</body>
```

实例运行结果如图 3-34 所示。

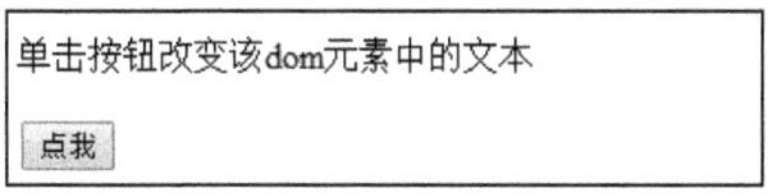

图 3-34   实例 3-34 运行结果 1

单击"点我"按钮之后，<p>标签内的文本内容如图 3-35 所示。

图 3-35   实例 3-34 运行结果 2

3. getElementsByName()方法

getElementsByName()方法可返回带有指定名称的对象的集合。

语法格式如下。

```
document.getElementsByName(name)
```

getElementsByName()方法的参数如表 3-30 所示。

表 3-30   getElementsByName()方法的参数

参数	描述
name	必需。元素的名称

实例 3-35   使用 getElementsByName()获取元素。

```
<body>
    <input name="project" type="checkbox" value="语文"> 语文
    <input name="project" type="checkbox" value="英语"> 英语
    <input type="button" onclick="getElements()" value="多少名称为
'project'的元素?">
    <script>
        function getElements() {
            var x = document.getElementsByName("project");
            alert(x.length);
        }
    </script>
</body>
```

实例运行结果如图 3-36 所示。

JavaScript+jQuery 程序设计与应用

图 3-36　实例 3-35 运行结果

4. getElementsByTagName()方法

getElementsByTagName()方法可返回带有指定标签名的对象的集合。
语法格式如下。

```
document.getElementsByTagName(tagname)
```

getElementsByTagName()方法的参数和返回值如表 3-31 和表 3-32 所示。

表 3-31　getElementsByTagName()方法的参数

参数	类型	描述
tagname	String	必需。要获取元素的标签名

表 3-32　getElementsByTagName()方法的返回值

类型	描述
NodeList 对象	指定标签名的元素集合

实例 3-36　使用 getElementsByTagName()方法获取元素。

```
<body>
<input name="project" type="checkbox" value="语文"> 语文
<input name="project" type="checkbox" value="英语"> 英语
<input type="button" onclick="getElements()" value="多少 input 标签类型的元素?">
        <script>
            function getElements() {
                var x = document.getElementsByTagName("input");
                alert(x.length);
            }
        </script>
    </body>
```

实例运行结果如图 3-37 所示。

图 3-37　实例 3-36 运行结果

5. getElementsByClassName()方法

getElementsByClassName()方法返回文档中所有指定类名的元素集合，作为 NodeList 对象。NodeList 对象代表一个有顺序的节点列表。可通过节点列表中的节点索引来访问列表中的节点（索引由 0 开始）。

语法格式如下。

```
document.getElementsByClassName(classname)
```

getElementsByClassName()方法的参数如表 3-33 示。

表 3-33　getElementsByClassName()方法的参数

参数	类型	描述
classname	String	必需。需要获取的元素类名。 多个类名使用空格分隔，如"test demo"

实例 3-37　使用 getElementsByClassName()方法获取元素。

```
<body>
    <div class="show">第一个 DIV</div>
    <div class="show">第二个 DIV</div>
    <div>第三个 DIV</div>
    <input type="button" onclick="getElements()" value="多少个类样
式是 show 类型的元素?">
    <script>
        function getElements() {
            var x = document.getElementsByClassName("show");
            alert(x.length);
        }
    </script>
</body>
```

实例运行结果如图 3-38 所示。

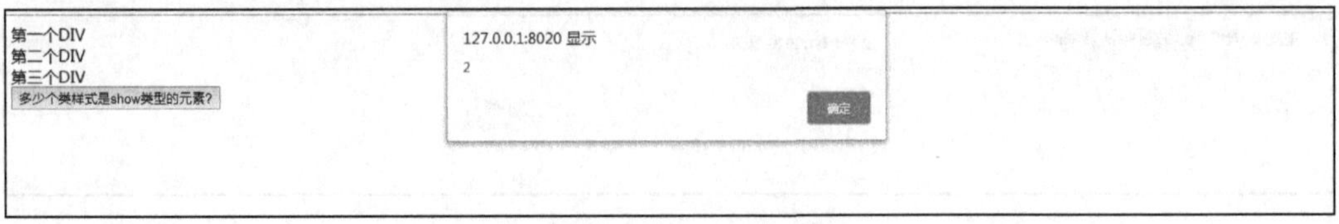

第一个DIV
第二个DIV
第三个DIV
多少个类样式是show类型的元素?

127.0.0.1:8020 显示

2

确定

图 3-38　实例 3-37 运行结果

说明：DOM 元素中的三个<div>元素中只有两个类样式采用"show"，第三个<div>元素并没有引用该样式，因此获取的元素为 2。

3.3.3　History 对象

History 对象包含用户（在浏览器窗口中）访问过的 URL。History 对象是 Window 对象的一部分，用户可通过 window.history 属性对其进行访问。

History 对象的常用属性和方法如表 3-34 和表 3-35 所示。

表 3-34　History 对象的常用属性

属性	描述
length	返回浏览器历史列表中的 URL 数量

表 3-35　History 对象的常用方法

方法	描述
back()	加载 history 列表中的前一个 URL
forward()	加载 history 列表中的后一个 URL
go()	加载 history 列表中的某个具体页面

window.history 对象在编写时可不使用 window 这个前缀。

其中，history.back()方法加载历史列表中的前一个 URL，这与在浏览器中单击后退按钮是相同的；history.forward()方法加载历史列表中的后一个 URL，这与在浏览器中单击前进按钮是相同的。

实例 3-38　在页面上创建后退按钮。

```
<!DOCTYPE html>
<html>

    <head>
        <meta charset="UTF-8">

        <head>
```

```
<script>
    function goBack() {
        window.history.back()
    }
</script>
</head>

<body>

    <input type="button" value="返回上一页" onclick="goBack()">

</body>

</html>
```

实例运行结果如图 3-39 所示。

图 3-39　实例 3-38 运行结果

可以试着从 A 页面单击超链接进入到该页面，当单击"返回上一页"按钮时，则跳转回 A 页面。

实例 3-39　在页面上创建一个向前的按钮。

```
<!DOCTYPE html>
<html>

    <head>
        <meta charset="UTF-8">
        <script>
            function goForward() {
                window.history.forward()
            }
        </script>
    </head>

    <body>
        <input type="button" value="前往下一页" onclick="goForward()">
    </body>
```

```
</html>
```

实例运行结果如图 3-40 所示。

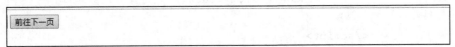

图 3-40　实例 3-39 运行结果

3.3.4　Location 对象

Location 对象包含有关当前 URL 的信息。Location 对象是 Window 对象的一部分，可通过 window.location 属性访问。

Location 对象的常用属性和方法如表 3-36 和表 3-37 所示。

表 3-36　Location 对象的常用属性

属性	描述
hash	设置或返回从井号（#）开始的 URL（锚）
host	设置或返回主机名和当前 URL 的端口号
hostname	设置或返回当前 URL 的主机名
href	设置或返回完整的 URL
pathname	设置或返回当前 URL 的路径部分
port	设置或返回当前 URL 的端口号
protocol	设置或返回当前 URL 的协议
search	设置或返回从问号（?）开始的 URL（查询部分）

表 3-37　Location 对象的常用方法

方法	描述
reload()	重新加载当前文档
replace()	用新的文档替换当前文档

window.location 对象在编写时可不使用 window 前缀。例如：

1）location.hostname 返回 Web 主机的域名。

2）location.pathname 返回当前页面的路径和文件名。

3）location.port 返回 Web 主机的端口（80 或 443）。

4）location.protocol 返回所使用的 Web 协议（HTTP 或 HTTPS）。

实例 3-40　返回（当前页面的）整个 URL。

```
<script>

document.write(location.href);
```

```
</script>
```

实例运行结果如图 3-41 所示。

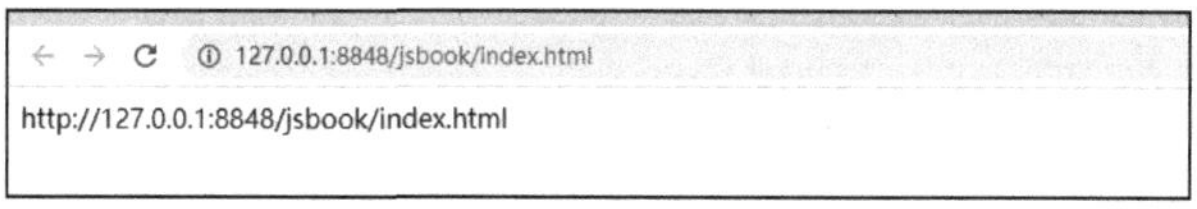

图 3-41　实例 3-40 运行结果

实例 3-41　返回当前 URL 的路径名。

```
<script>

  document.write(location.pathname);

</script>
```

实例运行结果如图 3-42 所示。

图 3-42　实例 3-41 运行结果

3.3.5　Navigator 对象

Navigator 对象包含有关浏览器的信息。

Navigator 对象的常用属性如表 3-38 所示。

表 3-38　Navigator 对象的常用属性

属性	描述
appCodeName	返回浏览器的代码名
appMinorVersion	返回浏览器的次级版本
appName	返回浏览器的名称
appVersion	返回浏览器的平台和版本信息
browserLanguage	返回当前浏览器的语言
cookieEnabled	返回指明浏览器中是否启用 Cookie 的布尔值
cpuClass	返回浏览器系统的 CPU 等级
onLine	返回指明系统是否处于脱机模式的布尔值
platform	返回运行浏览器的操作系统平台
systemLanguage	返回 OS 使用的默认语言
userAgent	返回由客户机发送给服务器的 user-agent 头部的值
userLanguage	返回 OS 的自然语言设置

window.navigator 对象在编写时可不使用 window 前缀。

实例 3-42 使用 Navigator 对象查看浏览器信息。

```html
<body>
    <div id="example"></div>
    <script>
        txt = "<p>浏览器代号: " + navigator.appCodeName + "</p>";
        txt += "<p>浏览器名称: " + navigator.appName + "</p>";
        txt += "<p>浏览器版本: " + navigator.appVersion + "</p>";
        txt += "<p>启用 Cookies: " + navigator.cookieEnabled + "</p>";
        txt += "<p>硬件平台: " + navigator.platform + "</p>";
        txt += "<p>用户代理: " + navigator.userAgent + "</p>";
        txt += "<p>用户代理语言: " + navigator.systemLanguage + "</p>";
        document.getElementById("example").innerHTML = txt;
    </script>
</body>
```

实例运行结果如图 3-43 所示。

浏览器代号: Mozilla

浏览器名称: Netscape

浏览器版本: 5.0 (Windows NT 6.1; Win64; x64) AppleWebKit/537.36 (KHTML, like Gecko) Chrome/75.0.3770.142 Safari/537.36

启用Cookies: true

硬件平台: Win32

用户代理: Mozilla/5.0 (Windows NT 6.1; Win64; x64) AppleWebKit/537.36 (KHTML, like Gecko) Chrome/75.0.3770.142 Safari/537.36

用户代理语言: undefined

图 3-43 实例 3-42 运行结果

巩 固 练 习

1. 计算数组 var numbers = [65, 44, 12, 4];所有元素的和。

2. 定义一个字符串 var str ="WelcomeToBeiJing"，找出字符串中出现次数最多的字母，将该字母和字母出现的次数拼接成一个新字符串，返回新字符串（要求编写成函数）。

3. 将字符串按照单词逆序输出，空格作为划分单词的唯一条件，如输入"Welome to Beijing"，输出"Beijing to Welcome"。

4. 编写代码实现每 300 毫秒切换一次背景颜色。

第 4 章　JavaScript 的事件与 DOM 编程

本章主要介绍 JavaScript 的事件驱动与事件处理机制。由于事件驱动是由浏览器所产生的，因此不同的浏览器可以产生的事件也不相同。本章将介绍 HTML5 标准所规定的几种事件，它们在 JavaScript 编程中经常用到。

4.1　JavaScript 的常用事件

4.1.1　事件和事件处理程序

HTML DOM 事件允许 JavaScript 在 HTML 文档元素中注册不同的事件处理程序。

事件通常与函数结合使用，函数不会在事件（如用户单击按钮）发生前被执行。

事件是一些事务发生的信号，如用户单击一个按钮或者按下键盘上的某一个键，JavaScript 使用一些特定的标识符来标识这些信号，单击鼠标使用 "onclick"，按下键盘上的某一个键使用 "onkeydown" 等。这些事件在发生前是不可预料的，但发生时可以有一次处理它的机会，于是产生一种模式——"发生-处理"。

Web 页面中存在很多 "发生-处理" 的关系，如一个文本框突然没有了焦点或者字符数量改变了，当发生事件时系统就调用监听这些事件的函数。因此，整个系统可以使用事件的发生来驱动运行，这就是所谓的事件驱动。下面举例说明如何处理事件。

实例 4-1　响应按钮的 "onclick" 事件，当用户单击按钮时，弹出一个提示框，显示 "鼠标单击事件！"。

```
<!DOCTYPE html>
<html>
  <head>
    <meta charset="UTF-8">
    <title>鼠标事件</title>
  </head>
  <body>
    <button onclick="clickEvent()">单击事件</button>
    <script>
      function clickEvent(){
        alert("鼠标单击事件!");
```

```
          }
      </script>
   </body>
</html>
```

实例运行结果如图 4-1 所示。

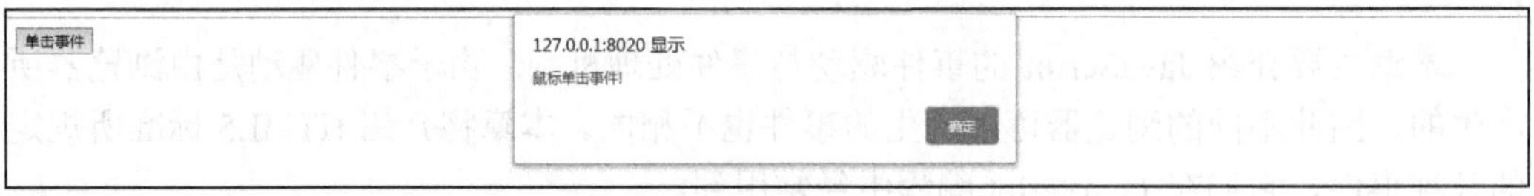

图 4-1 实例 4-1 运行结果

说明：通过<button>标签的属性 onclick 表示绑定单击事件。

4.1.2 键盘事件

键盘事件通常是指在文本框中输入文字时发生的事件，键盘事件又分为按下键盘键（onkeydown）事件、按下并释放键盘键（onkeypress）事件和释放键盘键（onkeyup）事件 3 种。键盘事件的属性如表 4-1 所示。

表 4-1 键盘事件的属性

属性	描述	DOM
onkeydown	某个键盘按键被按下	2
onkeypress	某个键盘按键被按下并释放	2
onkeyup	某个键盘按键被释放	

1. onkeydown 事件

onkeydown 事件会在用户按下一个键盘按键时发生。

提示：与 onkeydown 事件相关联的事件触发次序为 onkeydown、onkeypress、onkeyup。

语法格式如下。

HTML 中：

```
<element onkeydown="SomeJavaScriptCode">
```

JavaScript 中：

```
object.onkeydown=function(){SomeJavaScriptCode};
```

实例 4-2 在用户按下一个键盘按键时执行 JavaScript 代码，弹出一个提示框。

```
<!DOCTYPE html>
<html>
```

```
<head>
    <meta charset="UTF-8">
    <title>键盘事件</title>
</head>
<script>
    function myFunction() {
        alert("你在输入框内按下一个键");
    }
</script>
<body>
    <p>当你在输入框内按下一个键时函数被触发</p>
    <input type="text" onkeydown="myFunction()">
</body>
</html>
```

实例运行结果如图 4-2 所示。

图 4-2　实例 4-2 运行结果

2. onkeypress 事件

onkeypress 事件会在键盘按键被按下并释放一个按键时发生。

语法格式如下。

HTML 中：

```
<element onkeypress="SomeJavaScriptCode">
```

JavaScript 中：

```
object.onkeypress=function(){SomeJavaScriptCode};
```

实例 4-3　在用户按下键盘键时执行 JavaScript 代码，弹出一个提示框。

```
<!DOCTYPE html>
<html>
    <head>
        <meta charset="UTF-8">
        <title>键盘事件</title>
    </head>
    <script>
```

```
            function myFunction() {
                alert("用户在输入框内按下一个键");
            }
        </script>
        <body>
            <p>当用户在输入框内按下一个键时函数被触发</p>
            <input type="text" onkeypress="myFunction()">
        </body>
    </html>
```

实例运行结果如图 4-3 所示。

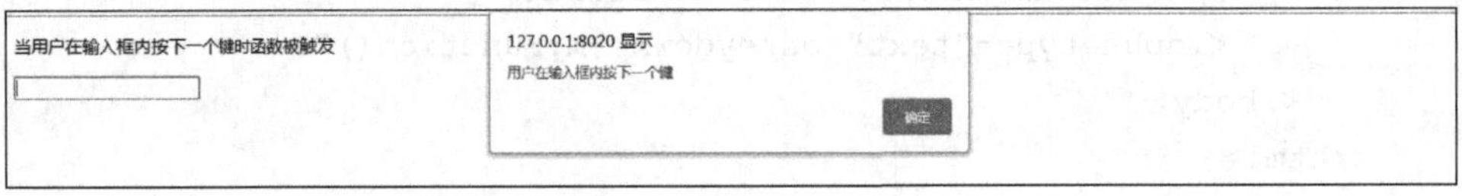

图 4-3　实例 4-3 运行结果

3. onkeyup 事件

onkeyup 事件会在键盘按键被释放时发生。
语法格式如下。
HTML 中：

```
<element onkeyup="SomeJavaScriptCode">
```

JavaScript 中：

```
object.onkeyup=function(){SomeJavaScriptCode};
```

实例 4-4　当用户释放键盘键时执行 JavaScript 代码：将用户输入的字母转换成大写。

```
<!DOCTYPE html>
<html>

    <head>
        <meta charset="UTF-8">
        <title>键盘事件</title>
    </head>
    <script>
        function myFunction() {
            var x = document.getElementById("fname");
            x.value = x.value.toUpperCase();
        }
```

```
</script>
<body>

    <p>当用户在输入字段释放一个按键时触发函数。函数将字符转换为大写。</p>
    输入你的名称: <input type="text" id="fname" onkeyup="myFunction()">
</body>

</html>
```

实例运行结果如图 4-4 所示。

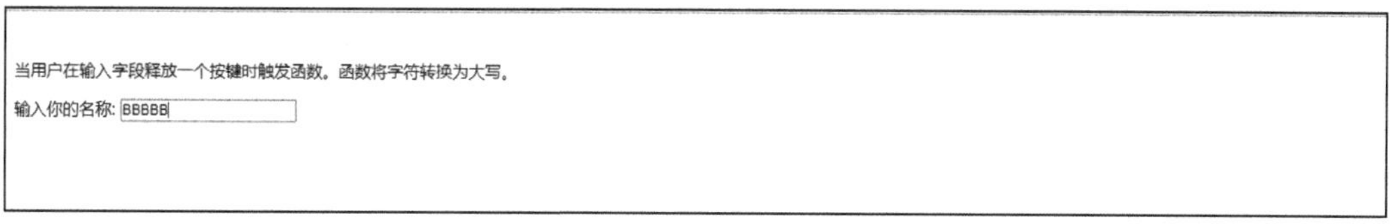

当用户在输入字段释放一个按键时触发函数。函数将字符转换为大写。

输入你的名称: BBBBB

图 4-4　实例 4-4 运行结果

4.1.3　鼠标事件

鼠标事件包含多种，其中鼠标点击事件通常分为鼠标单击（onclick）、鼠标双击（ondblclick）、鼠标键按下（onmousedown）和鼠标键释放（onmouseup）4 种事件。其中，onclick 指完成按下鼠标键并释放这一完整的过程后产生的事件；ondblclick 指在鼠标按键被双击时触发的事件，这意味着用户需要快速单击鼠标按钮两次，才会触发 ondblclick 事件；onmousedown 指按下鼠标键时产生的事件，不理会有没有释放鼠标键；onmouseup 指在释放鼠标键时产生的事件，在按下鼠标键时并不会对该事件产生影响。

1. onclick 事件

onclick 事件会在元素被单击时发生。
语法格式如下。
HTML 中：

```
<element onclick="SomeJavaScriptCode">
```

JavaScript 中：

```
object.onclick=function(){SomeJavaScriptCode};
```

实例 4-5　单击按钮执行一段 JavaScript 代码，修改 dom 元素文本内容。

```
<!DOCTYPE html>
<html>

    <head>
```

```
        <meta charset="UTF-8">
        <title>鼠标事件</title>
    </head>
    <script>
        function myFunction() {
            document.getElementById("demo").innerHTML = "Hello World";
        }
    </script>
    <body>
        <p>单击按钮触发函数。</p>
        <button onclick="myFunction()">点我</button>
        <p id="demo"></p>
    </body>
</html>
```

实例运行结果如图 4-5 所示。

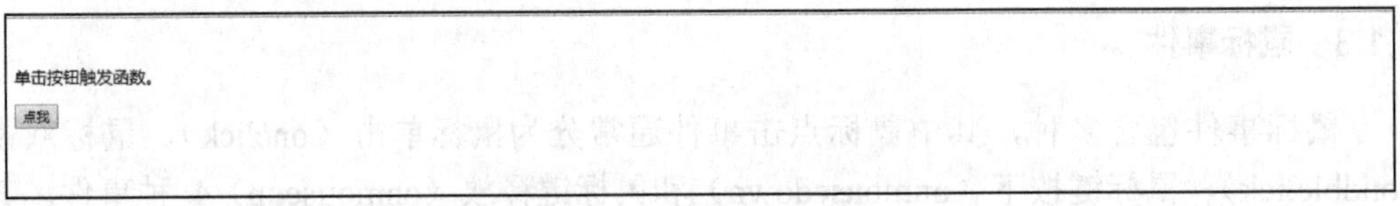

单击按钮触发函数。
点我

图 4-5　实例 4-5 运行结果 1

单击"点我"按钮后的页面效果如图 4-6 所示。

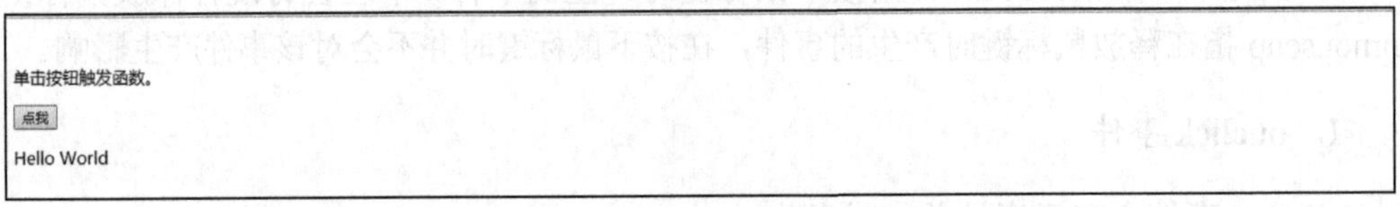

单击按钮触发函数。
点我
Hello World

图 4-6　实例 4-5 运行结果 2

2. ondblclick 事件

ondblclick 事件在对象被双击时发生。

语法格式如下。

HTML 中：

```
<element ondblclick="SomeJavaScriptCode">
```

JavaScript 中：

```
object.ondblclick=function(){SomeJavaScriptCode};
```

实例 4-6　双击文本执行一段 JavaScript 代码，填充 dom 元素文本内容。

```
<!DOCTYPE html>
<html>

    <head>
        <meta charset="UTF-8">
        <title>鼠标事件</title>
    </head>
    <script>
        function myFunction() {
            document.getElementById("demo").innerHTML = "Hello World";
        }
    </script>
    <body>

        <p ondblclick="myFunction()">双击这段文本触发一个函数</p>

        <p id="demo"></p>

    </body>
</html>
```

实例运行如图 4-7 所示。

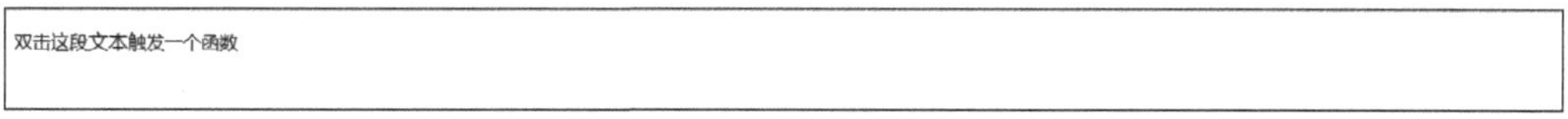

双击这段文本触发一个函数

图 4-7　实例 4-6 运行结果 1

双击文本之后的页面效果如图 4-8 所示。

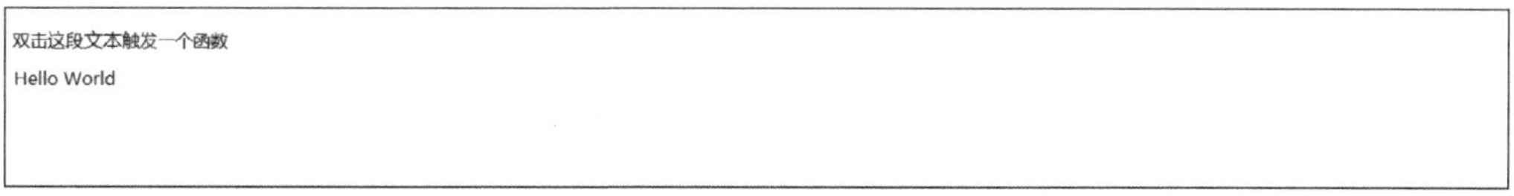

双击这段文本触发一个函数
Hello World

图 4-8　实例 4-6 运行结果 2

3. onmousedown 事件

onmousedown 事件在鼠标键被按下时发生。
语法格式如下。
HTML 中：

```
<element onmousedown="SomeJavaScriptCode">
```

JavaScript 中：

```
object.onmousedown=function(){SomeJavaScriptCode};
```

实例 4-7　单击文本改变颜色。当鼠标键被按下时，触发一个带参数函数；当鼠标键被释放时，再一次触发其他参数函数。

```
<!DOCTYPE html>
<html>
    <head>
        <meta charset="UTF-8">
        <title></title>
        <script>
        function myFunction(elmnt,clr){
            elmnt.style.color=clr;
        }
        </script>
    </head>
    <body>
        <p onmousedown="myFunction(this,'red')" onmouseup="myFunction
(this, 'green')">
            单击文本改变颜色。当鼠标键被按下时，触发一个带参数函数；当鼠标键被释放时，
再一次触发其他参数函数
        </p>
    </body>
</html>
```

实例运行结果如图 4-9 所示。

单击文本改变颜色。当鼠标键被按下时，触发一个带参数函数；当鼠标键被释放时，再一次触发其他参数函数

图 4-9　实例 4-7 运行结果 1

鼠标键被按下时的页面效果如图 4-10 所示。

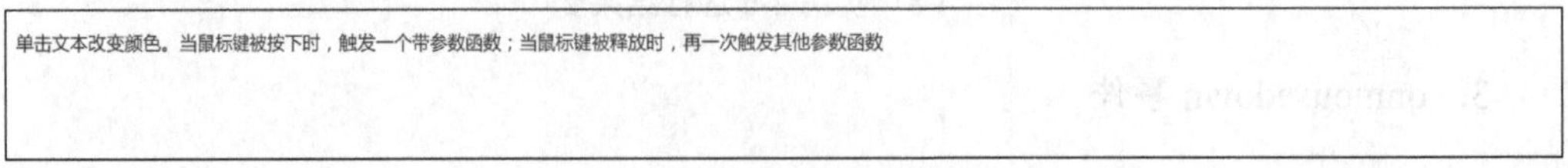

单击文本改变颜色。当鼠标键被按下时，触发一个带参数函数；当鼠标键被释放时，再一次触发其他参数函数

图 4-10　实例 4-7 运行结果 2

鼠标键被释放时的页面效果如图 4-11 所示。

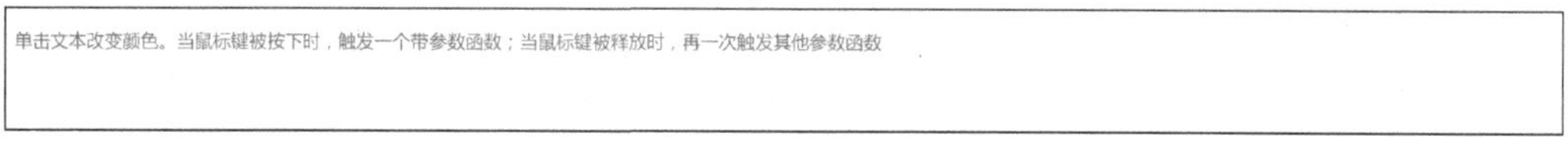

单击文本改变颜色。当鼠标键被按下时，触发一个带参数函数；当鼠标键被释放时，再一次触发其他参数函数

图 4-11　实例 4-7 运行结果 3

图 4-9　　　　　　　　　　图 4-10　　　　　　　　　　图 4-11

4. 鼠标移动事件

鼠标移动事件包含三种，分别对应三个不同的状态，分别为移入对象、在对象上移动和移出对象。事件名称分别为 onmouseover、onmousemove 和 onmouseout，事件源是鼠标。

（1）onmouseover 事件

onmouseover 事件在鼠标指针移动到指定元素上时发生。

语法格式如下。

HTML 中：

```
<element onmouseover="SomeJavaScriptCode">
```

JavaScript 中：

```
object.onmouseover=function(){SomeJavaScriptCode};
```

（2）onmousemove 事件

onmousemove 事件在鼠标指针在指定元素上移动时触发。

语法格式如下。

HTML 中：

```
<element onmousemove="SomeJavaScriptCode">
```

JavaScript 中：

```
object.onmousemove=function(){SomeJavaScriptCode};
```

（3）onmouseout 事件

onmouseout 事件在鼠标指针移出指定元素时发生。

语法格式如下。

HTML 中：

```
<element onmouseout="SomeJavaScriptCode">
```

JavaScript 中：

```
object.onmouseout=function(){SomeJavaScriptCode};
```

实例 4-8 当鼠标指针移动到图片时图片变大，当鼠标指针移出图片时图片变小。

```
<!DOCTYPE html>
<html>

    <head>
        <meta charset="UTF-8">
        <title>鼠标事件</title>
    </head>
    <script>
        function bigImg(x) {
            x.style.height = "64px";
            x.style.width = "64px";
        }

        function normalImg(x) {
            x.style.height = "32px";
            x.style.width = "32px";
        }
    </script>
    <body>
        <img onmouseover="bigImg(this)" onmouseout="normalImg(this)"
border="0" src="../img/test.jpg" alt="Smiley" width="32" height="32">
        <p>函数 bigImg() 在鼠标指针移动到笑脸图片时触发。</p>
        <p>函数 normalImg() 在鼠标指针移出笑脸图片时触发。</p>
    </body>

</html>
```

实例运行结果如图 4-12 所示。

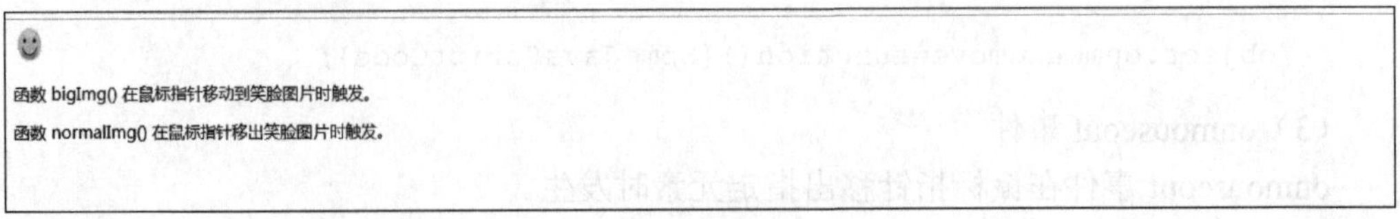

图 4-12 实例 4-8 运行结果 1

鼠标移入笑脸图片时的页面效果如图 4-13 所示。

图 4-13　实例 4-8 运行结果 2

鼠标移入笑脸图片后再移出笑脸图片的页面效果如图 4-14 所示。

图 4-14　实例 4-8 运行结果 3

4.1.4　加载和卸载事件

加载和卸载事件分别为 onload 和 onunload。其中，onload 事件是在加载网页完毕后产生的事件，加载网页是指浏览器打开网页；onunload 事件是卸载网页时产生的事件，卸载网页是指关闭浏览器窗口或从当前页面跳转到其他页面，即将当前网页从浏览器窗口中卸载。

实例 4-9　在网页打开时执行一段 JavaScript 代码，显示一个消息框。

```
<!DOCTYPE html>
<html>
    <head>
        <meta charset="UTF-8">
        <title></title>
    </head>
    <body onload="alert('welcome')">
    </body>
</html>
```

实例运行结果如图 4-15 所示。

图 4-15　实例 4-9 运行结果

4.1.5　获得焦点和失去焦点事件

获得焦点（onfocus）事件通常是指选中了文本框等，并且可以在其中输入文字。失去焦点（onblur）事件与获得焦点事件相反，是指将焦点从文本框中移出。

1. onfocus 事件

onfocus 事件在对象获得焦点时发生。
语法格式如下。
HTML 中：

```
<element onfocus="SomeJavaScriptCode">
```

JavaScript 中：

```
object.onfocus=function(){SomeJavaScriptCode}
```

JavaScript 中，使用 addEventListener()方法：

```
object.addEventListener("focus", myScript);
```

实例 4-10　创建一个简单的网页，包含一个文本输入框<input>和一个段落<p>。用户单击输入框（即输入框获取焦点时）执行一段 JavaScript 代码。

```
<!DOCTYPE html>
<html>

    <head>
        <meta charset="UTF-8">
        <title></title>
    </head>

    <script>
        function myFunction(x) {
            x.style.background = "yellow";
        }
    </script>

    <body>

        输入你的名字: <input type="text" onfocus="myFunction(this)">
        <p>当输入框获取焦点时，修改背景色（background-color 属性）将被触发。</p>

    </body>

</html>
```

实例运行结果如图 4-16 所示。

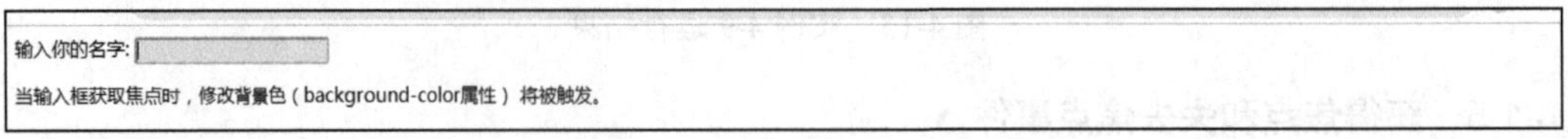

图 4-16　实例 4-10 运行结果

2. onblur 事件

onblur 事件在对象失去焦点时发生。onblur 经常用于 JavaScript 验证代码，一般用于表单输入框。

语法格式如下。

HTML 中：

```
<element onblur="SomeJavaScriptCode">
```

JavaScript 中：

```
object.onblur=function(){SomeJavaScriptCode};
```

实例 4-11　当用户离开输入框时执行一段 JavaScript 代码，函数将被触发将输入文字转换成大写。

```
<!DOCTYPE html>
<html>
    <head>
        <meta charset="UTF-8">
        <title></title>
    </head>
    <script>
        function myFunction() {
            var x = document.getElementById("fname");
            x.value = x.value.toUpperCase();
        }
    </script>
    <body>
        输入你的名字：<input type="text" id="fname" onblur="myFunction()">
        <p>当你离开输入框，函数将被触发将输入文字转换成大写。</p>
    </body>
</html>
```

实例运行结果如图 4-17 和图 4-18 所示。

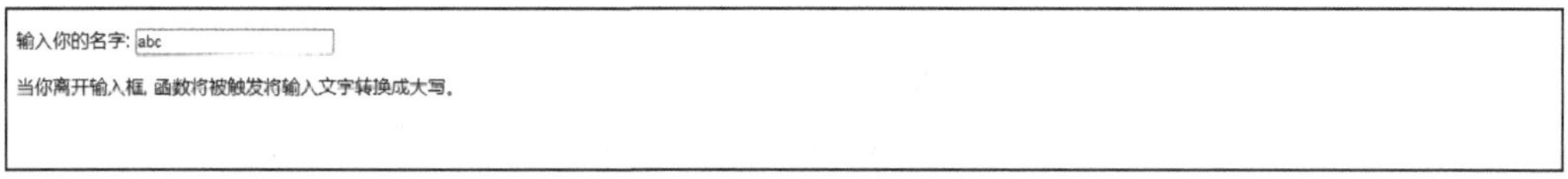

图 4-17　实例 4-11 运行结果 1

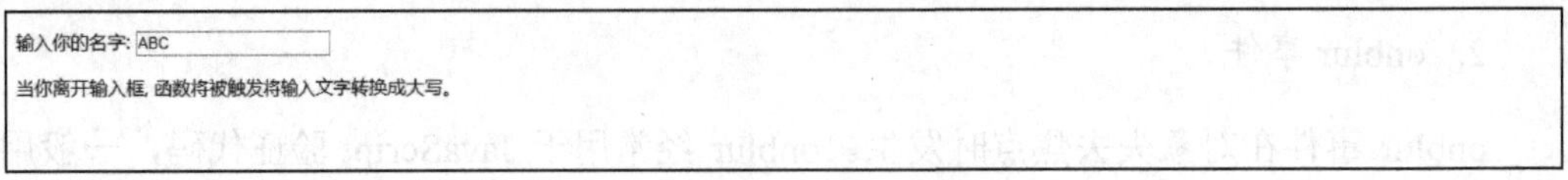

输入你的名字: ABC

当你离开输入框，函数将被触发将输入文字转换成大写。

图 4-18　实例 4-11 运行结果 2

4.1.6　提交和重置事件

提交（onsubmit）事件和重置（onreset）事件都是在<form>元素中产生的事件。提交事件是提交表单时触发的事件，重置事件是重置表单内容后触发的事件。这两个事件都通过接收返回的 false 来取消提交表单或取消重置表单。在实际应用中，这两个事件用得非常多。

1.　onsubmit 事件

onsubmit 事件在表单被提交时触发。

语法格式如下。

HTML 中：

```
<element onsubmit="myScript">
```

JavaScript 中：

```
object.onsubmit=function(){myScript};
```

JavaScript 中，使用 addEventListener()方法：

```
object.addEventListener("submit", myScript);
```

实例 4-12　当表单被提交时执行一段 JavaScript 代码，弹出一个提示框。

```
<!DOCTYPE html>
<html>
    <head>
        <meta charset="UTF-8">
        <title></title>
    </head>
    <body>
        <p>当提交表单时，触发函数并弹出提示信息。</p>
        <form action="demo-form.php" onsubmit="myFunction()">
            输入名字: <input type="text" name="fname">
            <input type="submit" value="提交">
        </form>
```

```
<script>
    function myFunction() {
        alert("表单已提交");
    }
</script>

</body>

</html>
```

实例运行结果如图 4-19 所示。

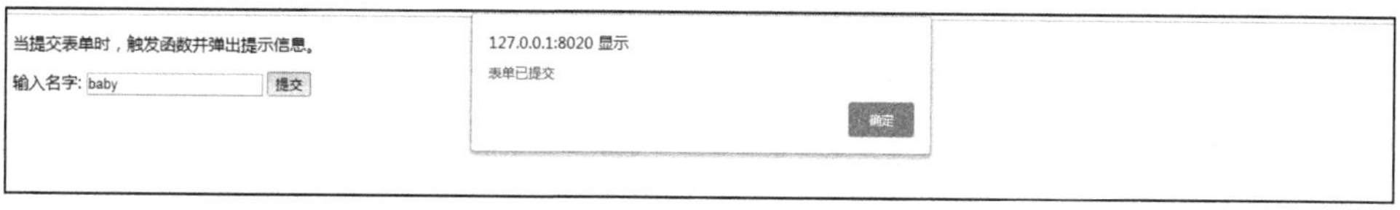

当提交表单时，触发函数并弹出提示信息。	127.0.0.1:8020 显示
输入名字: baby　　　 提交	表单已提交
	确定

图 4-19　实例 4-12 运行结果

2. onreset 事件

onreset 事件在表单被重置后触发。
语法格式如下。
HTML 中：

```
<element onreset="myScript">
```

JavaScript 中：

```
object.onreset=function(){myScript};
```

JavaScript 中，使用 addEventListener()方法：

```
object.addEventListener("reset", myScript);
```

实例 4-13　当重置表单后执行一段 JavaScript 代码，弹出一个提示框。

```
<!DOCTYPE html>
<html>

    <head>
        <meta charset="UTF-8">
        <title></title>
    </head>

    <body>

        <p>当表单被重置后，触发函数并弹出提示信息。</p>
        <form onreset="myFunction()">
```

```
      输入您的名字: <input type="text">
      <input type="reset">
    </form>
    <script>
      function myFunction() {
          alert("表单已重置");
      }
    </script>

  </body>
</html>
```

实例运行结果如图 4-20 所示。

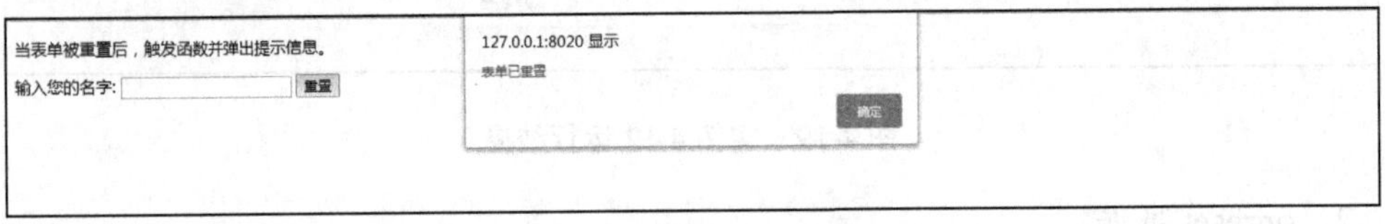

图 4-20　实例 4-13 运行结果

4.1.7　改变和选择事件

　　改变（onchange）事件通常在文本框或者下拉框中触发。在下拉框中，只要修改了可选项，就会触发 onchange 事件；在文本框中，只有修改了文本框中的文字并在文本框失去焦点时才会触发 onchange 事件。选择（onselect）事件通常在文本框中的文字被选择时触发。

　　1. onchange 事件

　　onchange 事件在域的内容改变时发生。onchange 事件也可用于单选框与复选框改变后触发的事件。

　　语法格式如下。

　　HTML 中：

```
<element onchange="SomeJavaScriptCode">
```

　　JavaScript 中：

```
object.onchange=function(){SomeJavaScriptCode};
```

　　实例 4-14　当改变下拉框选项时执行一段 JavaScript 代码，弹出一个提示框，提示选中的文本内容。

```
<!DOCTYPE html>
<html>
```

```
<head>
    <meta charset="UTF-8">
    <title></title>
</head>
<body>
    <select name="" id="demo" onchange="myFunction(this)">
        <option value="北京">北京</option>
        <option value="上海">上海</option>
        <option value="深圳">深圳</option>
    </select>
    <script type="text/javascript">
        function myFunction(obj){
            var value = obj.value;
            alert("你选择了:"+value);
        }
    </script>
</body>
</html>
```

实例运行结果如图 4-21 所示。

图 4-21　实例 4-14 运行结果 1

若选择"深圳",则弹出一个提示框,提示选中的文本内容,如图 4-22 所示。

图 4-22　实例 4-14 运行结果 2

2. onselect 事件

onselect 事件在文本框中的文本被选中时发生。

语法格式如下。

HTML 中:

```
<element onselect="SomeJavaScriptCode">
```

JavaScript 中:

```
object.onselect=function(){SomeJavaScriptCode};
```

实例 4-15 当选中文本框中的文本时执行一段 JavaScript 代码，弹出一个提示框。

```html
<!DOCTYPE html>
<html>
    <head>
        <meta charset="UTF-8">
        <title></title>
    </head>
    <body>
        <select name="" id="demo" onchange="myFunction(this)">
            <option value="北京">北京</option>
            <option value="上海">上海</option>
            <option value="深圳">深圳</option>
        </select>
        <br />
        一些文本: <input type="text" value="Hello world!" onselect=
"myFunction2()">

    </body>
    <script type="text/javascript">
            function myFunction(obj){
                var value = obj.value;
                alert("你选择了:"+value);
            }
            function myFunction2(){
                alert("你选中了一些文本");
            }
    </script>

    </body>
</html>
```

实例运行结果如图 4-23 所示。

图 4-23 实例 4-15 运行结果

4.1.8　错误事件

错误（onerror）事件在加载外部文件（文档或图像）发生错误时触发。
语法格式如下。
HTML 中：

```
<element onerror="myScript">
```

JavaScript 中：

```
object.onerror=function(){myScript};
```

JavaScript 中，使用 addEventListener()方法：

```
object.addEventListener("error", myScript);
```

实例 4-16　如果加载图片时发生错误，则触发函数 myFunction()，弹出一个提示框。

```
<!DOCTYPE html>
<html>

    <head>
        <meta charset="UTF-8">
        <title></title>
    </head>

    <body>

        <img src="image.gif" onerror="myFunction()">
        <p>如果在加载图片时发生错误，则触发函数 myFunction()，弹出一个提示框。</p>
        该实例中我们引用的图片不存在，因此会触发 onerror 事件。
        <script>
            function myFunction() {
                alert('无法加载图片。');
            }
        </script>

    </body>

</html>
```

实例运行结果如图 4-24 所示。

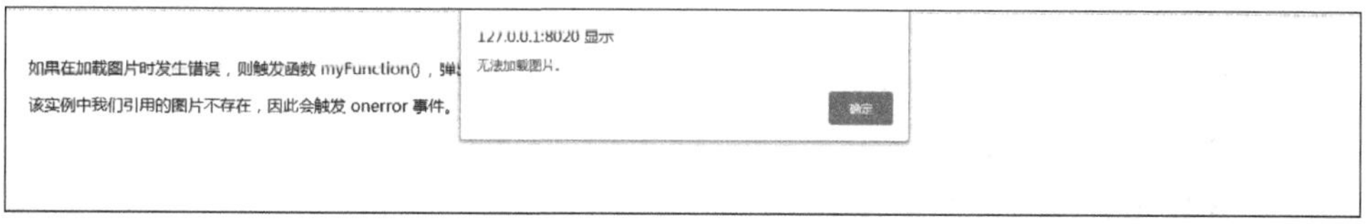

图 4-24　实例 4-16 运行结果

4.2 DOM 编程

4.2.1 DOM 简介

DOM 是 HTML 和 XML 文档的编程接口。当网页被加载时，浏览器会创建页面的 DOM。DOM 以树结构表达 HTML 文档。

HTML DOM 定义了访问和操作 HTML 文档的标准方法。HTML DOM 模型被构造为对象的树。HTML DOM 树结构如图 4-25 所示。

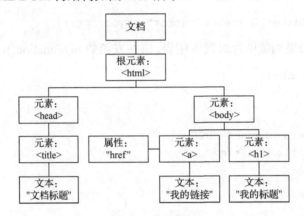

图 4-25　HTML DOM 树结构

通过可编程的对象模型，JavaScript 获得了足够的能力来创建动态的 HTML。

1）JavaScript 能够改变页面中的所有 HTML 元素。

2）JavaScript 能够改变页面中的所有 HTML 属性。

3）JavaScript 能够改变页面中的所有 CSS 样式。

4）JavaScript 能够对页面中的所有事件做出反应。

4.2.2 DOM 中的节点

在 HTML DOM 中，所有事物都是节点。DOM 是被视为节点树的 HTML。根据万维网联盟（World Wide Web consortium，W3C）的 HTML DOM 标准，HTML 文档中的所有内容都是节点。

1）整个文档是一个文档节点。

2）每个 HTML 元素都是一个元素节点。

3）HTML 元素内的文本是文本节点。

4）每个 HTML 属性都是一个属性节点。

5）注释是注释节点。

HTML DOM 将 HTML 文档视作树结构。这种结构被称为节点树，HTML DOM 节点树实例如图 4-26 所示。

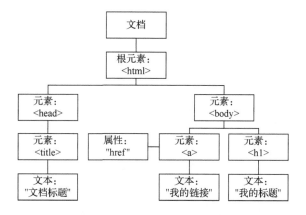

图 4-26 HTML DOM 节点树实例

节点树中的节点彼此拥有层级关系。人们常用父（parent）、子（child）和同胞（sibling）等术语来描述这些关系。父节点拥有子节点。同级的子节点被称为同胞（兄弟或姐妹）。

1）在节点树中，顶端节点被称为根（root）节点。

2）每个节点都有父节点，除了根节点。

3）一个节点可拥有任意数量的子节点。

4）同胞是拥有相同父节点的节点。

图 4-27 展示了 HTML DOM 节点树的一部分，以及节点之间的关系。

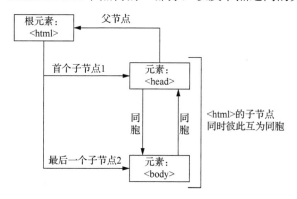

图 4-27 HTML DOM 节点树

请看下面的 HTML 片段。

```
<html>
  <head>
```

```
    <meta charset="UTF-8">
    <title>DOM 教程</title>
    </head>
    <body>
     <h1>DOM 课程 1</h1>
     <p>Hello world!</p>
    </body>
  </html>
```

从上述 HTML 片段中可知以下几点。

1）<html>节点没有父节点，它是根节点。

2）<head>和<body>的父节点是<html>节点。

3）文本节点"Helloworld!"的父节点是<p>节点。

4）<html>节点拥有两个子节点：<head>和<body>节点。

5）<head>节点拥有两个子节点：<meta>和<title>节点。

6）<title>节点也拥有一个子节点：文本节点"DOM 教程"。

7）<h1>和<p>节点是同胞节点，同时也是<body>节点的子节点。

8）<head>节点是<html>节点的首个子节点。

9）<body>节点是<html>节点的最后一个子节点。

10）<h1>节点是<body>节点的首个子节点。

11）<p>节点是<body>节点的最后一个子节点。

4.2.3 使用 DOM 编程

1. 查找 HTML 元素

通常，可以使用 JavaScript 动态地修改、操作页面上的 HTML 元素。

为了实现以上功能，必须先找到该元素，有以下 3 种方法可完成这件事。

（1）通过 id 查找 HTML 元素

在 DOM 中查找 HTML 元素最简单的方法，就是使用元素的 id。

例如，查找 id="intro"元素的代码如下。

```
var x=document.getElementById("intro");
```

如果找到该元素，则该方法将以对象（在 x 中）的形式返回该元素。如果未找到该元素，则 x 将包含 null。

（2）通过标签名查找 HTML 元素

例如，查找 id="main"的元素，然后查找 id="main"元素中的所有<p>元素，代码如下。

```
var x=document.getElementById("main");
```

```
var y=x.getElementsByTagName("p");
```

（3）通过类名查找 HTML 元素

例如，通过 getElementsByClassName()函数查找 class="intro"的元素，代码如下。

```
var x=document.getElementsByClassName("intro");
```

2. 改变 HTML 文本内容

（1）innerHTML 属性

获取元素内容的最简单的方法是使用 innerHTML 属性。innerHTML 属性对于获取或替换 HTML 元素的内容很有用。

实例 4-17　获取 id="intro"的<p>元素的 innerHTML。

```html
<!DOCTYPE html>
<html>

    <head>
        <meta charset="UTF-8">
    </head>

    <body>

        <p id="intro1">Hello World!</p>
        <p id="intro2"></p>
        <script>
            // 获取第一个<p>标签的文本内容
            var txt = document.getElementById("intro1").innerHTML;

            // 设置第二个<p>标签的文本内容
            document.getElementById("intro2").innerHTML = txt;
        </script>

    </body>

</html>
```

实例运行结果如图 4-28 所示。

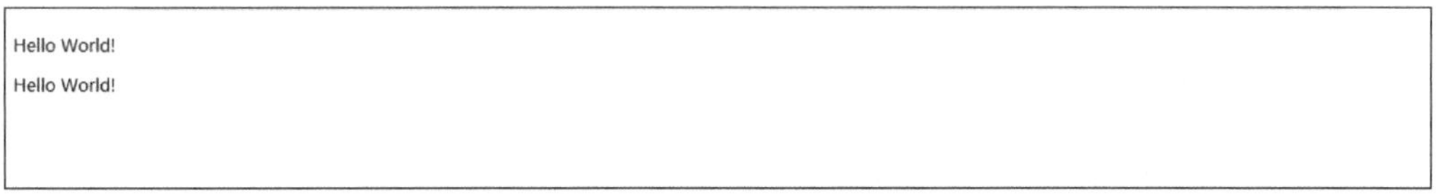

```
Hello World!
Hello World!
```

图 4-28　实例 4-17 运行结果

（2）value 属性

value 属性用于设置或者返回属性的值。

实例 4-18   获取 value 属性值。

```html
<!DOCTYPE html>
<html>
    <head>
        <meta charset="UTF-8">
    </head>
    <body>
        <input type="button" value="单击获取 value 属性值" />
        <input type="button" value="" />

        <script>
            // 对第一个按钮做单击事件
            document.getElementsByTagName("input")[0].onclick = function(){
                // 获取 value 属性值
                var value=this.value;
                alert("获取值：" + value);
                // 设置 value 属性值
                document.getElementsByTagName("input")[1].value="设置值";
            }
        </script>
    </body>
</html>
```

实例运行结果如图 4-29 所示。

图 4-29   实例 4-18 运行结果

3. 改变 HTML 样式

可使用以下语法改变 HTML 元素的样式：

```
document.getElementById(id).style.property=新样式
```

实例 4-19　改变一个段落的 HTML 样式。

```html
<!DOCTYPE html>
<html>
    <head>
        <meta charset="UTF-8">
    </head>
  <body>

        <p id="p1">Hello world!</p>
        <p id="p2">Hello world!</p>

    <script>
        document.getElementById("p2").style.color="blue";
        document.getElementById("p2").style.fontFamily="Arial";
        document.getElementById("p2").style.fontSize="larger";
    </script>

    </body>
</html>
```

实例运行结果如图 4-30 所示。

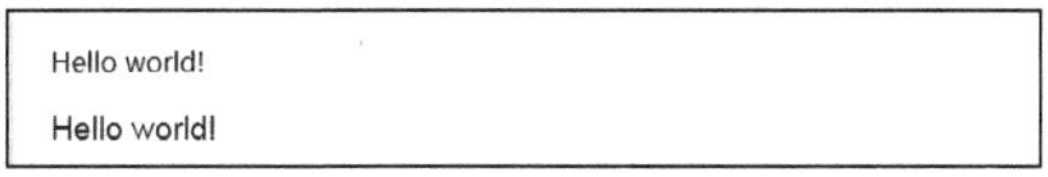

```
Hello world!
Hello world!
```

图 4-30　实例 4-19 运行结果

4. 添加和删除 HTML 元素

（1）创建新的 HTML 元素（节点）

创建新的 HTML 元素（节点）需要先创建一个元素，然后在已存在的元素中添加它。

实例 4-20　添加 HTML 元素。

```html
<!DOCTYPE html>
<html>
    <head>
        <meta charset="UTF-8">
        <title></title>
    </head>
    <body>
      <div id="div1">
        <p id="p1">这是一个段落。</p>
        <p id="p2">这是另外一个段落。</p>
```

```
        </div>
    <script>
        var para = document.createElement("p");//创建<p>元素
        var node = document.createTextNode("这是一个新的段落。");//为<p>
元素创建一个新的文本节点
        para.appendChild(node);//将文本节点添加到<p>元素中

        var element = document.getElementById("div1");//查找已存在的元素
        element.appendChild(para);//将<p>元素添加到已存在的元素中
    </script>

    </body>
</html>
```

实例运行结果如图 4-31 所示。

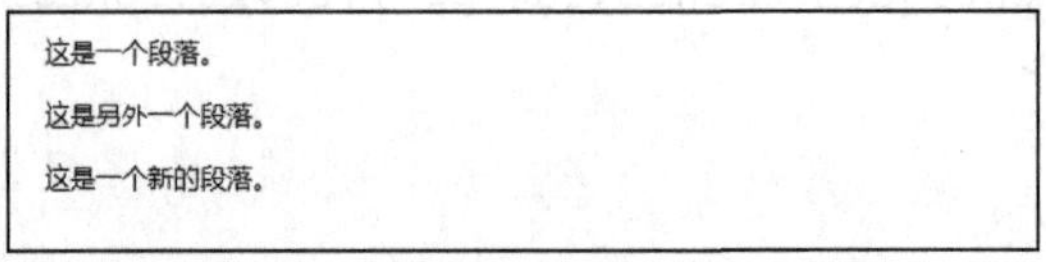

这是一个段落。

这是另外一个段落。

这是一个新的段落。

图 4-31　实例 4-20 运行结果

（2）删除已存在的元素

要删除一个元素，首先需要知道该元素的父元素。

可以使用以下语法获取要删除的元素：

```
document.getElementByld("elementld")
```

其中，"elementld" 为要删除的元素的 id。

实例 4-21　删除 HTML 元素。

```
<!DOCTYPE html>
<html>
    <head>
        <meta charset="UTF-8">
        <title></title>
    </head>
    <body>
/*<div>元素包含两个子节点（两个<p>元素）*/
    <div id="div1">
        <p id="p1">这是一个段落。</p>
        <p id="p2">这是另外一个段落。</p>
    </div>

    <script>
```

```
        var parent = document.getElementById("div1");//查找 id="div1"的元素
        var child = document.getElementById("p1");//查找 id="p1"的<p>元素
        parent.removeChild(child);//从父元素中移除子节点
    </script>

    </body>
</html>
```

实例运行结果如图 4-32 所示。

这是另外一个段落。

图 4-32　实例 4-21 运行结果

注意：删除元素时需引用其父元素，DOM 要求明确指定要删除的元素及其父元素，无法直接删除。

5. HTML DOM 事件

HTML DOM 使 JavaScript 有能力对 HTML 事件做出反应。

用户可以在事件发生时执行 JavaScript 代码，如当用户在 HTML 元素上单击时。

如需在用户单击某个元素时执行代码，请向一个 HTML 事件属性添加以下 JavaScript 代码。

```
    onclick=JavaScript;
```

常用 HTML 事件包括当用户单击鼠标时、当网页已加载时、当图像已加载时、当鼠标移动到元素上时、当输入字段被改变时、当提交 HTML 表单时、当用户触发按键时。

实例 4-22　当用户在<h1>元素上单击时，会改变其内容。

```
<!DOCTYPE html>
<html>
    <head>
        <meta charset="UTF-8">
        <title></title>
    </head>
    <head>
    <script>
        function changetext(id){
            id.innerHTML="Oops!";
        }
```

```
    </script>
    </head>
    <body>
        <h1 onclick="changetext(this)">单击文本!</h1>
    </body>
    </html>
```

实例运行结果如图 4-33 所示。

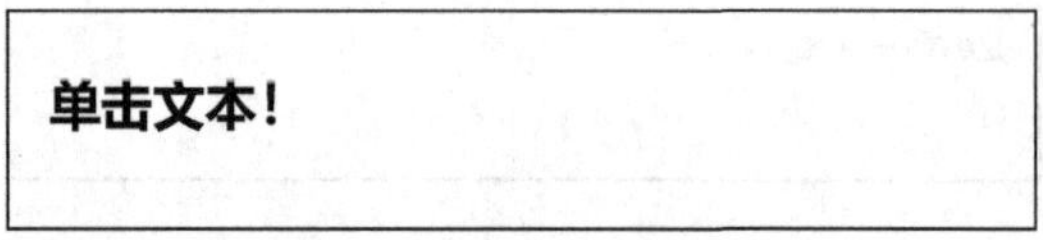

单击文本!

图 4-33　实例 4-22 运行结果 1

单击文本之后页面效果如图 4-34 所示。

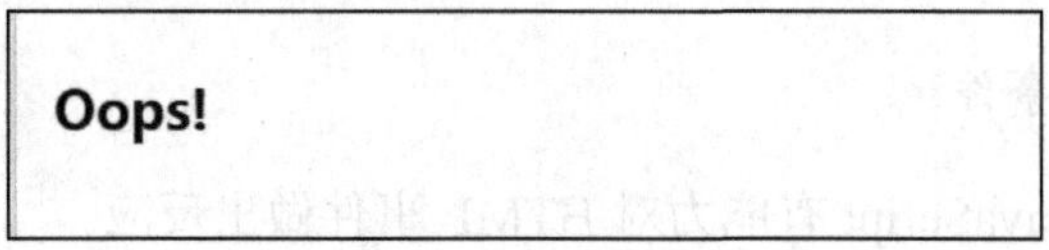

Oops!

图 4-34　实例 4-22 运行结果 2

如需向 HTML 元素分配事件，可以使用事件属性实现。例如，向<button>元素分配 onclick 事件，示例代码如下。

```
<button onclick="displayDate()">点这里</button>
```

HTML DOM 允许使用 JavaScript 向 HTML 元素分配事件。例如，向<button>元素分配 onclick 事件，示例代码如下。

```
<script>
    document.getElementById("myBtn").onclick=function(){displayDate()};
</script>
```

这里名为 displayDate 的函数被分配给 id="myBtn"的 HTML 元素。
当按钮被单击时 JavaScript 函数将被执行。

巩 固 练 习

1. 简述常用的事件有哪些。

2．简述 JavaScript 的事件驱动与事件处理机制。

3．编写一个表单，对输入的用户名和密码进行失去焦点后的判断。如果用户名和密码长度没有大于 6 位，则进行提示。

第 5 章　JavaScript 使用实例

本章主要介绍 JavaScript 使用实例，并通过实例复习 JavaScript 知识点，将理论应用于实践。

5.1　文 字 特 效

5.1.1　跑马灯效果

将 Document 对象的 title 属性与 Window 对象的 setInterval()方法相结合，可以在浏览器窗口显示动态标题，也就是在标题栏中实现信息的滚动。

实例 5-1　标题栏上实现的文字跑马灯。

```
<!DOCTYPE html>
<html>
    <head>
        <meta charset="UTF-8">
        <title>JavaScript实现文字超过显示宽度每间隔1秒自动向左滚动显示</title>
        <body>
            <center>
                <font size=5 color="ff0094">
                    <p>标题栏上实现的文字跑马灯</p>
                </font>
            </center>
        </body>
        <script>
        var msg = "  " + " 这是使用 JavaScript 在标题栏上实现的文字跑马
灯效果";
        var interval = 100;
        var maxlen = 80;
        var seq = maxlen;
        var len
        len = msg.length;
        function Scroll() {
```

```
                    document.title = msg.substring(seq, len);
                    seq++;
                    if(seq >= len) {
                        seq = 0;
                    }
                }
                window.setInterval("Scroll();", interval);
            </script>
        </head>
    </html>
```

实例运行结果如图 5-1 所示。

图 5-1　实例 5-1 运行结果

【实例解析】

该代码段第 20 行～第 26 行的作用是重新设置标题栏中的信息，而每次信息都不一样；代码第 27 行利用 setInterval()方法，以指定的周期（以毫秒计）调用函数或表达式，setInterval()方法每 0.1 秒调用一次函数；代码第 21 行运行 substring(index1，index2)这个常用的字符串处理函数截取不同的字符串，再利用 title 属性显示出来，从而实现滚动效果。

5.1.2　打字效果

实例 5-2　模拟打字效果：文本一个一个出现。

```
<!DOCTYPE html>
<html>
    <head>
        <meta charset="UTF-8">
        <title>1</title>
        <script type="text/javascript">
            var index = 0;
            var word = "10 月 1 日国庆节"
            function typing() {
                var a = document.getElementById("box").innerText =
word.substring(0, index++);
```

```
        }
        setInterval(typing, 300);
    </script>
</head>

 <body>
    <div id="box"></div>
</body>

</html>
```

实例运行结果如图 5-2 所示。

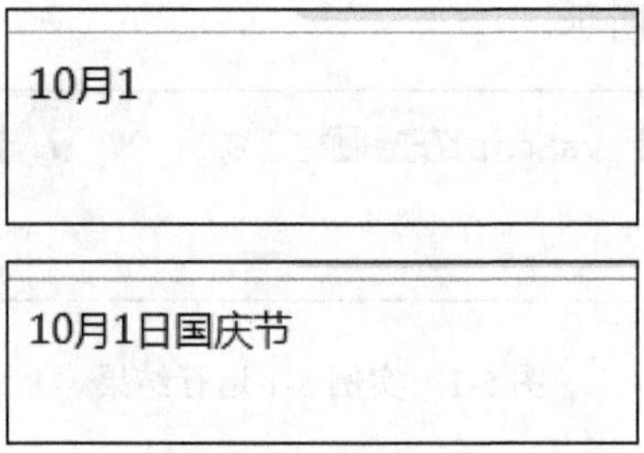

图 5-2　实例 5-2 运行结果

【实例解析】

该代码段第 9 行~第 12 行的作用是显示文本，运行 substring(index1，index2)这个常用的字符串处理函数截取不同的字符串，再利用 innerText 属性显示出来，从而模拟打字效果；代码第 13 行利用 setInterval()方法，以指定的周期（以毫秒计）调用函数或表达式。在本实例中，setInterval()方法每 0.3 秒调用一次函数。

5.1.3　文字大小变化效果

实例 5-3　单击按钮，切换文字大小。

```
<!DOCTYPE html>
<html>
    <head>
        <meta charset="UTF-8">
        <title></title>
        <style type="text/css">
            #box{
                font-size: 20px;
            }
        </style>
```

```
    </head>
    <body>
        <div id="box">
            文字大小变化效果
        </div>
        <button>变大</button>
        <button>变小</button>
    </body>
    <script type="text/javascript">
            document.getElementsByTagName("button")[0].onclick= function(){
                document.getElementById("box").style.fontSize = "50px";
            }
            document.getElementsByTagName("button")[1].onclick= function(){
                document.getElementById("box").style.fontSize = "10px";
            }
    </script>
</html>
```

单击"变大"按钮，页面效果如图 5-3 所示。

图 5-3　实例 5-3 运行结果 1

单击"变小"按钮，页面效果如图 5-4 所示。

图 5-4　实例 5-3 运行结果 2

【实例解析】

　　该代码段第 6 行～第 10 行的作用是设置原文本字体大小为 20 像素；第 19 行～第 22 行的作用是对第一个按钮绑定鼠标单击事件，触发事件后通过修改 CSS 样式将文本字体大小设置为 50 像素；而第 23 行～第 25 行则是对第二个按钮绑定鼠标单击事件，触发事件后通过修改 CSS 样式将文本字体大小设置为 10 像素，以达到文字变大或变小的效果。

5.1.4　升降文字效果

文字是否可以像电梯那样，上下升降呢？本节给出了一个升降文字的例子，完成文字上升和文字下降变化的动作。

实例 5-4　实现文字升降效果。

```html
<!DOCTYPE html>
<html>
    <head>
        <meta charset="UTF-8" />
        <title>升降文字的特殊效果</title>
    </head>
    <body>
    <center>
        <h1>升降文字的特殊效果</h1>
        <hr />
        <br />
        <div  id="napis"  style="position:absolute;top:-100;left:
500px;color:#000000;font-family:宋体;font-size:9pt;">
            <p>看，这行文字正在上下移动！</p>
        </div>
    </center>
    <script>
        var done = 0; //完成标识
        var step = 4; //单步变量
        function anim(yp, yk) //函数:控制升降
        {
            if(document.layers) { //如果是非 IE 浏览器
                document.layers["napis"].top = yp;
                //设置距离上面的高度
            } else { //如果是 IE 浏览器
                document.all["napis"].style.top = yp;
                //设置距离上面的高度
            }
            if(yp > yk) step = -4;
            if(yp < 60) step = 4;
            setTimeout('anim(' + (yp + step) + ',' + yk + ')', 35);
                            //时间延时执行 anim()函数
        }
```

```
function start() {
    if(done) return;
    done = 1; //如果已经完成则返回
    if(navigator.appName == "Netscape") {
        //如果是非 IE 浏览器
        document.napis.left = innerwidth / 2 - 145;
        anim(60, innerHeight - 60);
    } else { //如果是 IE 浏览器
        napis.style.left = 120;
        anim(60, document.body.offsetHeight - 60);
    }
}
setTimeout('start()', 10); //时间延时执行 start()函数
</script>
</body>

</html>
```

本节代码主要使用了用于时间定时的 setTimeout()方法和 CSS 的 style.top 属性，页面出现一个文字字符串，自动向下方缓缓移动，当移动到底部时又自动上升。实例运行结果如图 5-5 所示。字符串文字会如电梯般往复循环。

图 5-5　实例 5-4 运行结果

【实例解析】

CSS 的 style.top 属性可以获得 HTML 元素距离上方或外层元素的位置，返回的是字符串。该属性可以赋值，根据不同的值，调整不同的距离。sctTimeout()方法在执行时，在载入后延迟指定时间后执行一次表达式，且仅执行一次表达式。

5.2 图 片 特 效

5.2.1 改变页面中图片的位置

实例5-5 使用鼠标对图片进行拖动。

```html
<!DOCTYPE html>
<html lang="en">

    <head>
        <meta charset="UTF-8">
        <title>图片拖动</title>

        <script type="text/javascript">
            window.onload = function() {
                var box1 = document.getElementById("img1");
                box1.onmousedown = function(event) {
                    // console.log(1);
                    /*再次单击时使图标仍然在原来位置，可以单击到图标上*/
                    var ol = event.clientX - box1.offsetLeft;
                    var ot = event.clientY - box1.offsetTop;
                    /*鼠标单击*/
                    document.onmousemove = function(event) {
                            var left = event.clientX - ol;
                            var top = event.clientY - ot;
                            box1.style.left = left + "px"; /*赋值*/
                            box1.style.top = top + "px";
                    }
                        /*鼠标释放*/
                    document.onmouseup = function(event) {
                        document.onmousemove = null;
                        document.onmouseup = null;
                    }
                }
            }
        </script>
    </head>

    <body style="height: 1000px;width: 2000px;">
```

```
        <img    src="../img/test.jpg"    id="img1"    style="position:
absolute;" />
        </body>
    </html>
```

实例运行后，可以拖动图片到页面的任意位置，如图 5-6 和图 5-7 所示。

图 5-6　实例 5-5 运行结果 1

图 5-7　实例 5-5 运行结果 2

5.2.2　通过鼠标拖动改变图片大小

实例 5-6　使用鼠标更改图片大小。

```
<!DOCTYPE html>
<html>
    <head>
        <meta charset="UTF-8">
        <title></title>
        <style>
            #panel {
                position: absolute;
                width: 200px;
                height: 200px;
            }

            #dragIcon {
```

```
                position: absolute;
                left: 200px;
                top: 200px;
                width: 10px;
                height: 10px;
                background: yellow;
                z-index: 10;
                cursor: crosshair;
            }
        </style>
    </head>

    <body>

        <img id="panel" src="../img/test.jpg"/>
        <div id="dragIcon"></div>
    </body>
    <script>
        window.onload = function() {
            // 获取两个大小不等的<div>元素
            var oPanel = document.getElementById('panel');
            var oDragIcon = document.getElementById('dragIcon');
            // 定义 4 个变量
            var disX = 0; //鼠标按下时光标的 X 值
            var disY = 0; //鼠标按下时光标的 Y 值
            var disW = 0; //拖曳前<div>元素的宽
            var disH = 0; // 拖曳前<div>元素的高
            // 给小<div>元素加鼠标键按下事件
            oDragIcon.onmousedown = function(ev) {
                var ev = ev || window.event;
                disX = ev.clientX; // 获取鼠标按下时光标的 X 值
                disY = ev.clientY; // 获取鼠标按下时光标的 Y 值
                disW = oPanel.offsetWidth; // 获取拖曳前<div>元素的宽
                disH = oPanel.offsetHeight; // 获取拖曳前<div>元素的高
                document.onmousemove = function(ev) {
                    var ev = ev || window.event;
                    //拖曳时为了对宽和高进行限制, 定义两个变量
                    var W = ev.clientX - disX + disW;
                    var H = ev.clientY - disY + disH;
                    if(W < 100) {
```

```
                    W = 100;
                }
                if(W > 800) {
                    W = 800;
                }
                if(H < 100) {
                    H = 100;
                }
                if(H > 500) {
                    H = 500;
                }
                oPanel.style.width = W + 'px'; // 设置面板的宽度为拖曳
后的宽度

                oPanel.style.height = H + 'px'; // 设置面板的高度为拖
曳后的高度


                oDragIcon.style.left = W + 'px'; // 设置小黄色方块的左
侧位置为拖曳后的宽度

                oDragIcon.style.top = H + 'px'; // 设置小黄色方块的顶
部位置为拖曳后的高度

            }
            document.onmouseup = function() {
                document.onmousemove = null;
                document.onmouseup = null;
            }
        }
    }
    </script>

</html>
```

实例运行结果如图 5-8 所示。

图 5-8　实例 5-6 运行结果 1

使用鼠标拖曳图片右下角，可以改变图片大小，如图 5-9 所示。

图 5-9　实例 5-6 运行结果 2

5.2.3　不断闪烁的图片

实例 5-7　实现图片闪烁效果。

```
<!DOCTYPE html>

<html>

    <head>
        <meta charset="UTF-8">
        <title>图片闪烁</title>
        <script type="text/javascript">
            function cp() {
                d1.style.display = d1.style.display == "none" ? "" : "none";
                setTimeout("cp();", 20);
            }
        </script>
    </head>

    <body onload="cp()">
        <div id="d1">
            <img alt="" src="../img/test.jpg" width="300" height="200">
        </div>
    </body>
</html>
```

实例运行结果如图 5-10 所示。

图 5-10　实例 5-7 运行结果

5.3　时间和日期特效

5.3.1　标题栏显示分时问候语

实例 5-8　显示问候语。

```
<!DOCTYPE html>
<html>

    <head>
        <meta charset="UTF-8">
        <title>标题栏显示分时问候语</title>
    </head>

    <body>
    </body>
    <script>
        var now = new Date();
        var hour = now.getHours();
        if(hour < 6) {
            document.title = "清晨好！";
        } else if(hour < 9) {
            document.title = "早上好！";
        } else if(hour < 12) {
            document.title = "上午好！";
        } else if(hour < 14) {
            document.title = "中午好！";
        } else if(hour < 17) {
            document.title = "下午好！";
        } else if(hour < 19) {
            document.title = "傍晚好！";
        } else if(hour < 22) {
            document.title = "晚上好！";
        } else {
            document.title = "夜里好！";
        }
    </script>

</html>
```

实例运行结果如图 5-11 所示。

图 5-11　实例 5-8 运行结果

5.3.2　显示当前系统时间

实例 5-9　显示当前系统时间。

```
<!DOCTYPE html>
<html>

    <head>
        <meta charset="UTF-8">
        <title>显示当前系统时间</title>
    </head>

    <body>
        <div id="time">

        </div>
    </body>
    <script>
        function getDate(){

            var div = document.getElementById("time");
            var nowDate = new Date();
            div.innerHTML = nowDate.toLocaleString();
        }
        setInterval(getDate,1000);
    </script>

</html>
```

实例运行结果如图 5-12 所示。

2019/8/10 下午4:16:04

图 5-12　实例 5-9 运行结果

5.3.3　星期查询功能

实例 5-10　查询某个日期是星期几。

```html
<!DOCTYPE html>
<html>

    <head>
        <meta charset="UTF-8">
        <title>星期查询功能</title>
    </head>
    <body>
        <form>
            <select id="year" onchange="toDate()">
                <script type="text/javascript">
                    for(i = 1900; i <= 2099; i++) {
                        document.write("<option>" + i + "</option>");
                    }
                </script>
            </select>
            <select id="month" onchange="toDate()">
                <script type="text/javascript">
                    for(i = 1; i <= 12; i++) {
                        document.write("<option>" + i + "</option>");
                    }
                </script>
            </select>
            <select id="day" onchange="toDay()"></select>
            <input id="weekday" />
        </form>
        <script type="text/javascript">
            var arr = "日一二三四五六".split("");

            function toDate() {
                with(document.all) {
                    vYear = parseInt(year.options[year.selectedIndex].text);
                    vMonth = parseInt(month.options[month.selectedIndex].text);

                    day.length = 0;
                    for(i = 0; i < (new Date(vYear, vMonth, 0)).getDate(); i++) {
```

```
                        day.options[day.length++].value = day.length;
                        day.options[day.length - 1].text = day.length;
                    }
                }
                toDay();
            }

            function toDay() {
                vDay = parseInt(document.all.day.options[document.all.
day.selectedIndex].value);
                document.all.weekday.value = "星期" + arr[new Date(vYear,
vMonth - 1, vDay).getDay()];
            }
            window.onload = toDate;
        </script>
    </body>
</html>
```

实例运行结果如图 5-13 所示。

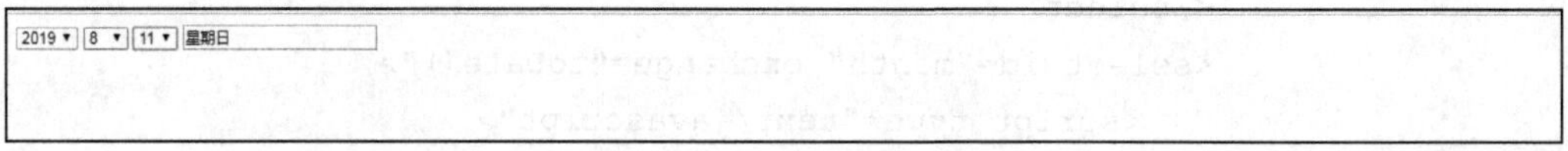

| 2019 ▼ | 8 ▼ | 11 ▼ | 星期日 |

图 5-13　实例 5-10 运行结果

5.4　窗　体　特　效

5.4.1　无边框窗口自动关闭特效

实例 5-11　自动关闭窗口。

```
<!DOCTYPE html>
<html>

    <head>
        <meta charset="UTF-8">
        <TITLE>无边框窗口自动关闭特效</TITLE>
        <script>
            var flyingwin
            var popupwidth = 200
```

```
var popupheight = 150
var marginright
var windowcenter
var i_top = 200
var i_left = -popupwidth - 50
var step = 40
var timer
var waitingtime = 5000
var pause = 20

function showWindow() {
    flyingwin = window.open("", "flyingwin", "toolbar=no,
width=" + popupwidth + ",height=" + popupheight + ",top=100,left=" +
(-popupwidth) + "");
        flyingwin.document.open();
        flyingwin.document.write("<html><title>自动离开的窗口
</title><body><p align=center>请不要关闭，马上就离开:(</body></html>");
        flyingwin.document.close();
        if(document.all) {
            marginright = screen.width + 50
        }
        if(document.layers) {
            marginright = screen.width + 50
        }
        windowcenter = Math.floor(marginright / 2) - Math.floor
(popupwidth / 2)

        movewindow()
    }

function movewindow() {
    if(i_left <= windowcenter) {
        flyingwin.moveTo(i_left, i_top)
        i_left += step
        timer = setTimeout("movewindow()", pause)
    } else {
        clearTimeout(timer)
        timer = setTimeout("movewindow2()", waitingtime)
    }
}

function movewindow2() {
    if(i_left <= marginright) {
```

```
                        flyingwin.moveTo(i_left, i_top)
                        i_left += step
                        timer = setTimeout("movewindow2()", pause)
                    } else {
                        clearTimeout(timer)
                        flyingwin.close()
                    }
                }
            </script>
        </head>

        <body onload=showWindow()> </body>

    </html>
```

实例运行结果如图 5-14 所示。

图 5-14   实例 5-11 运行结果

5.4.2   方向键控制窗口的特效

实例 5-12   使用方向键控制窗口移动。

```
<!DOCTYPE html>
<html>

    <head>
        <meta charset="UTF-8">
        <title>方向键控制窗口的特效</title>
        <script type="text/javascript">
            function moveWindowLeft() {
                myWindow.moveBy(-150, 0);
                myWindow.focus();
            }

            function moveWindowRight() {
                myWindow.moveBy(150, 0);
```

```
                myWindow.focus();
            }

            function moveWindowUp() {
                myWindow.moveBy(0, -150);
                myWindow.focus();
            }

            function moveWindowDown() {
                myWindow.moveBy(0, 150);
                myWindow.focus();
            }

            function openWin() {
                myWindow = window.open('', '', 'width=200,height=100');
                myWindow.document.write("<p>这是我的窗口</p>");
            }
        </script>

    </head>

    <body>

        <div>
            按方向键查看预览效果
            <hr />
            <input type="button" value="打开我的窗口" onclick="openWin()" />
            <hr />
            <center>
            <table>
                <tr>
                    <td>
                    </td>
                    <td>
                        <input   type=button   value=" 上 "   onclick=
"moveWindowUp();">
                    </td>
                    <td>
                    </td>
                </tr>
                <tr>
                    <td>
                        <input   type=button   value=" 左 "   onclick=
```

```
"moveWindowLeft();">
                    </td>
                <td>
                    </td>
                <td>
                    <input   type=button   value=" 右 "   onclick=
"moveWindowRight();">
                    </td>
            </tr>
            <tr>
                <td>
                    </td>
                <td>
                    </td>
                <td>
                    <input   type=button   value=" 下 "   onclick=
"moveWindowDown();">
                    </td>
                <td>
                    </td>
            </tr>
        </table>
        </center>
        </div>
    </body>
    </html>
```

实例运行结果如图 5-15 所示。

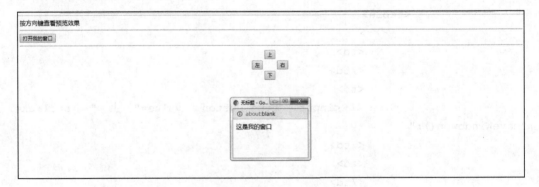

图 5-15   实例 5-12 运行结果

5.4.3　改变窗体颜色

实例 5-13　改变窗体颜色。

```html
<!DOCTYPE html>
<html>

    <head>
        <meta charset="UTF-8">
        <title>改变窗体颜色</title>
        <style type="text/css">
            body{
                background-color: darkseagreen;
            }
        </style>
        <script>
            function myFunction(color){
                document.body.style.background = color;
            }
        </script>

    </head>

    <body>

        <select name="" onchange="myFunction(this.value)">
            <option value="red">--请选择窗体颜色--</option>
            <option value="green">绿色</option>
            <option value="blue">蓝色</option>
        </select>
    </body>

</html>
```

初始页面效果如图 5-16 所示。

图 5-16　实例 5-13 运行结果 1

选择下拉框中的对应颜色之后，页面效果分别如图 5-17 和图 5-18 所示。

图 5-17　实例 5-13 运行结果 2

图 5-18　实例 5-13 运行结果 3

图 5-16　　　　　　　　图 5-17　　　　　　　　图 5-18

5.5　鼠 标 特 效

5.5.1　屏蔽鼠标右键

实例 5-14　设置鼠标右键无效。

```html
<!DOCTYPE html>
<html>

    <head>
        <meta charset="UTF-8">
        <title>屏蔽鼠标右键</title>
        <script type="text/javascript">
            function stops() {
                return false;
            }
            document.oncontextmenu = stops;
        </script>
    </head>
```

```
    <body>
        屏蔽鼠标右键
    </body>
</html>
```

实例运行结果：在页面中单击鼠标右键，没有任何反应。

5.5.2　获取鼠标位置坐标

实例 5-15　获取当前鼠标位置。

```html
<!DOCTYPE html>
<html>

    <head>
        <meta charset="UTF-8">
        <title>获取鼠标位置坐标</title>
        <script>
            function mouseMove(ev) {
                Ev = ev || window.event;
                var mousePos = mouseCoords(ev);
                document.getElementById("xxx").value = mousePos.x;
                document.getElementById("yyy").value = mousePos.y;
            }

            function mouseCoords(ev) {
                if(ev.pageX || ev.pageY) {
                    return {
                        x: ev.pageX,
                        y: ev.pageY
                    };
                }
                return {
                    x: ev.clientX + document.body.scrollLeft - document.
body.clientLeft,
                    y: ev.clientY + document.body.scrollTop - document.
body.clientTop
                };
            }
            document.onmousemove = mouseMove;
```

```
        </script>
    </head>

    <body>
        鼠标 X 轴:
        <input id="xxx" type="text">
        鼠标 Y 轴:
        <input id="yyy" type="text">
    </body>

</html>
```

实例运行结果: 鼠标在页面中滑动, 时刻获取鼠标位置坐标, 如图 5-19 所示。

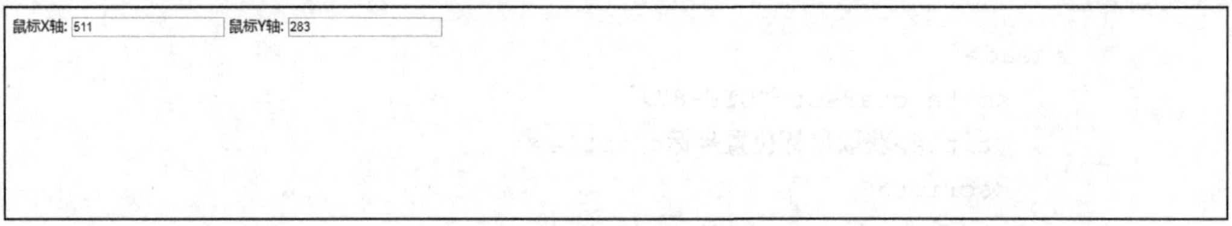

鼠标X轴:	511	鼠标Y轴:	283

图 5-19   实例 5-15 运行结果

5.5.3   根据方向键改变鼠标外观

实例 5-16   根据方向键改变鼠标外观。

```
<!DOCTYPE html>
<html>
    <head lang="en">
        <meta charset="UTF-8">
        <title>根据方向键改变鼠标外观</title>
    </head>
    <body id="box" style="height:500px;">
<p>请按键盘方向键, 观察鼠标外观变化</p>
        <script type="text/javascript">
            document.onkeydown = function(event) {
                var e = event || window.event || arguments.callee.caller.
arguments[0];
                if(e && e.keyCode == 38 || e && e.keyCode == 40) { //上,左
                    document.getElementById("box").style.cursor = "s-resize"
                }
```

```
        if(e && e.keyCode == 37 || e && e.keyCode == 39) { //下,右
            document.getElementById("box").style.cursor = "w-resize"
        }
    };
    </script>
    </body>
</html>
```

当按下方向键时，鼠标的外观会相应地发生变化。如果按下 "向上箭头" 或 "向下箭头" 键，鼠标的外观将变为 "s-resize"，表示垂直调整大小的箭头；如果按下 "向左箭头" 或 "向右箭头" 键，鼠标的外观将变为 "w-resize"，表示水平调整大小的箭头。运行结果如图 5-20 所示。

图 5-20　实例 5-16 运行结果

5.6　菜　单　特　效

5.6.1　左键弹出菜单

实例 5-17　设置左键弹出菜单。

```
<!DOCTYPE html>
<html>
    <head>
    <meta charset="UTF-8">
    <title>左键弹出菜单</title>
    <script>
        document.onclick = function(){
            document.getElementById("menu").style.display="block";
        };
    </script>
```

```
        </head>
        <body>
            <p align="center">单击左键弹出菜单</p>
            <ul id="menu" style="display: none;">
                <li><a href="">菜单 1</a></li>
                <li><a href="">菜单 2</a></li>
                <li><a href="">菜单 3</a></li>
            </ul>
        </body>
    </html>
```

运行实例，初始页面效果如图 5-21 所示。

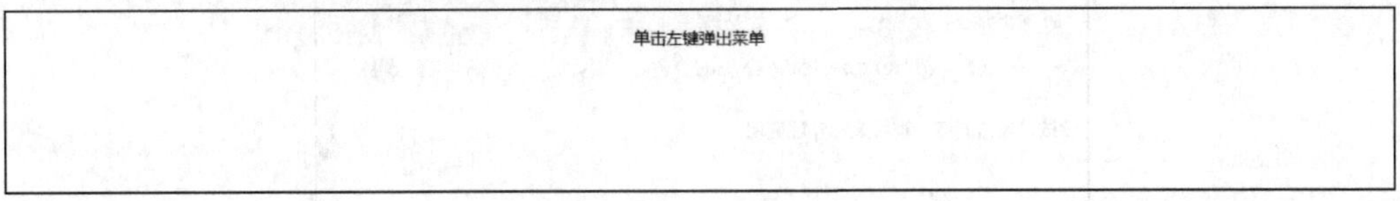

图 5-21　实例 5-17 运行结果 1

单击后页面效果如图 5-22 所示。

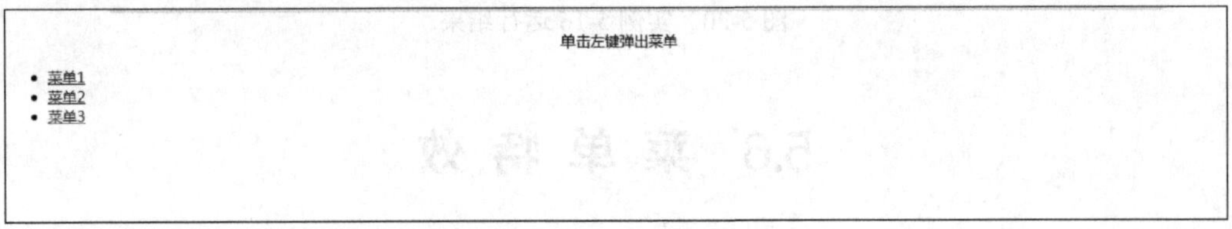

图 5-22　实例 5-17 运行结果 2

5.6.2　下拉菜单

实例 5-18　实现下拉菜单。

```
    <!DOCTYPE html>
    <html>
        <head>
            <meta charset="UTF-8" />
            <title>下拉菜单</title>
            <style type="text/css">
                * {
                    margin: 0;
                    padding: 0;
```

```
            list-style: none;
        }

        #con {
            width: 400px;
            margin: 100px auto;
        }

        #con ul li {
            float: left;
            width: 100px;
            height: 30px;
            line-height: 30px;
            text-align: center;
        }

        #con a {
            text-decoration: none;
            color: #fff;
            display: block;
            width: 100px;
            height: 30px;
            background: #ccc;
        }

        #con a:hover {
            background: pink;
        }

        #con ul ul {
            display: none;
        }
    </style>
</head>

<body>
    <div id="con">
        <ul>
            <li id="li01">
                <a href="javascript:;">下拉 1</a>
```

```
<ul id="ul01">
    <li>
        <a href="javascript:;">下拉 1</a>
    </li>
    <li>
        <a href="javascript:;">下拉 1</a>
    </li>
    <li>
        <a href="javascript:;">下拉 1</a>
    </li>
    <li>
        <a href="javascript:;">下拉 1</a>
    </li>
</ul>
</li>
<li id="li02">
    <a href="javascript:;">下拉 2</a>
    <ul id="ul02">
        <li>
            <a href="javascript:;">下拉 2</a>
        </li>
        <li>
            <a href="javascript:;">下拉 2</a>
        </li>
        <li>
            <a href="javascript:;">下拉 2</a>
        </li>
        <li>
            <a href="javascript:;">下拉 2</a>
        </li>
    </ul>
</li>
<li id="li03">
    <a href="javascript:;">下拉 3</a>
    <ul id="ul03">
        <li>
            <a href="javascript:;">下拉 3</a>
        </li>
        <li>
            <a href="javascript:;">下拉 3</a>
```

```
            </li>
            <li>
                <a href="javascript:;">下拉 3</a>
            </li>
            <li>
                <a href="javascript:;">下拉 3</a>
            </li>
        </ul>
    </li>
    <li id="li04">
        <a href="javascript:;">下拉 4</a>
        <ul id="ul04">
            <li>
                <a href="javascript:;">下拉 4</a>
            </li>
            <li>
                <a href="javascript:;">下拉 4</a>
            </li>
            <li>
                <a href="javascript:;">下拉 4</a>
            </li>
            <li>
                <a href="javascript:;">下拉 4</a>
            </li>
        </ul>
    </li>
    </ul>
    </div>
</body>
<script type="text/javascript">
    function myFn(param1, param2) {
        var myli = document.getElementById(param1);
        var myul = document.getElementById(param2);
        myli.onmouseover = function() {
            myul.style.display = 'block';
        }
        myli.onmouseout = function() {
            myul.style.display = 'none';
        }
    }
```

```
        myFn('li01', 'ul01');
        myFn('li02', 'ul02');
        myFn('li03', 'ul03');
        myFn('li04', 'ul04');
    </script>

</html>
```

实例运行结果如图 5-23 所示。

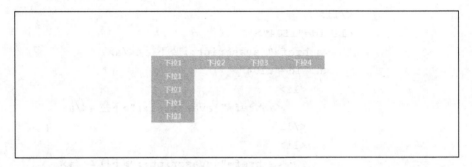

图 5-23　实例 5-18 运行结果

5.6.3　滚动菜单

实例 5-19　实现滚动菜单。

```
<!DOCTYPE html>
<html>
    <head>
        <meta charset="UTF-8">
        <title>滚动菜单</title>
    </head>

    <body>
        <div id="roll">
            <ul>
                <li>菜单 1</li>
                <li>菜单 2</li>
            </ul>
        </div>
    </body>
    <style type="text/css">
        /*测试用的高度*/
        body {
            height: 3000px;
```

```
            }
            div,
            ul,
            li,
            body {
                margin: 0;
                padding: 0;
            }
            /*position:absolute;用于元素的定位*/
            #roll {
                width: 50px;
                height: 100px;
                background: #99CC00;
                position: absolute;
            }
        </style>
        <script type="text/javascript">
            var roll = document.getElementById('roll'),
                initX = 0,
                initY,
                compY,
                sp = 15,
                //可调整时间间隔，步进值不宜过大，不然 IE 浏览器会闪屏
                timeGap = 5,
                doc = document.documentElement,
                docBody = document.body;
            compY = initY = 200;
            roll.style.right = initX + "px";;
            (function() {
                var curScrollTop = (doc.scrollTop || docBody.scrollTop ||
0) - (doc.clientTop || docBody.clientTop || 0);
      /*每次comP的值都不一样；直到roll.style.top===doc.scrollTop+initY; */
                compY += (curScrollTop + initY - compY) / sp;
                roll.style.top = Math.ceil(compY) + "px";
                setTimeout(arguments.callee, timeGap);
            })();
        </script>
        </body>
    </html>
```

页面发生滚动时菜单栏也跟着滚动。实例运行结果如图 5-24 所示。

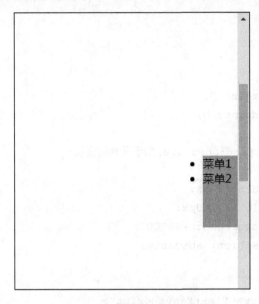

图 5-24　实例 5-19 运行结果

5.7　警告和提示特效

5.7.1　进站提示信息

实例 5-20　当用户进入网站时，弹出一个提示框。

```html
<!DOCTYPE html>
<html>
    <head>
        <meta charset="UTF-8">
        <title>进站提示信息</title>
    </head>
    <body onload="alert('welcome')">
        <h1>欢迎访问我的主页</h1>
    </body>
</html>
```

实例运行结果如图 5-25 所示。

图 5-25　实例 5-20 运行结果

5.7.2　单击超链接显示提示框

实例 5-21　设置超链接效果。

```
<!DOCTYPE html>
<html>
    <head>
        <meta charset="UTF-8">
        <title>单击超链接显示提示框</title>
    </head>
    <body>
        <a href="">单击超链接显示提示框</a>
        <script type="text/javascript">
            document.getElementsByTagName("a")[0].onclick = function(){
                alert("单击超链接");
            }
        </script>
    </body>
</html>
```

实例运行结果如图 5-26 所示。

图 5-26　实例 5-21 运行结果

5.7.3 显示停留时间

实例 5-22 记录网站停留时间。

```
<!DOCTYPE html>
<html>

    <head>
        <meta charset="UTF-8">
        <title>显示停留时间</title>
    </head>

    <body>
        <div id="div1"></div>
    </body>

    <script type="text/javascript">
        var second = 0;
        var minute = 0;
        var hour = 0;
        window.setInterval("OnlineStayTime()", 1000);

        function OnlineStayTime() {
            second++;
            if(second == 60) {
                second = 0;
                minute++;
            }
            if(minute == 60) {
                minute = 0;
                hour++;
            }
            document.getElementById("div1").innerHTML = "停留时间" +
hour + ":" + minute + ":" + second;
        }
    </script>

</html>
```

实例运行结果如图 5-27 所示。

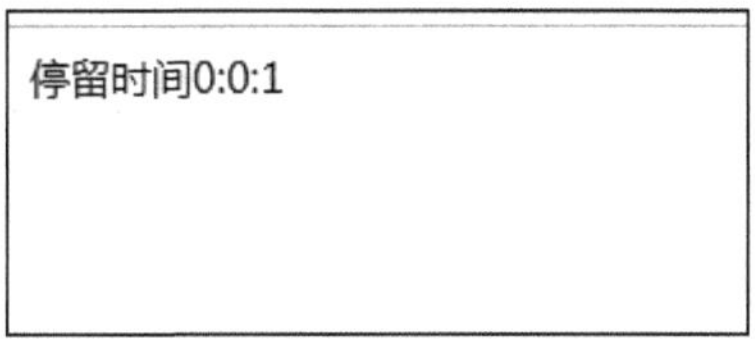

停留时间0:0:1

图 5-27　实例 5-22 运行结果 1

在页面上停留 1 分 26 秒后，页面显示如图 5-28 所示。

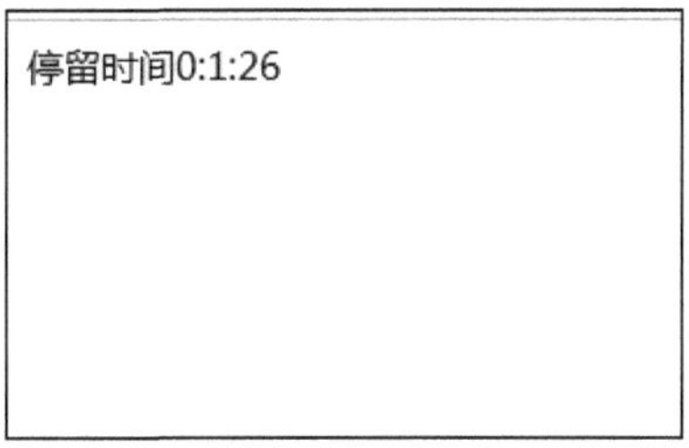

停留时间0:1:26

图 5-28　实例 5-22 运行结果 2

5.8　密　码　特　效

5.8.1　弹出式密码保护

实例 5-23　弹出输入密码对话框。

```
<!DOCTYPE html>
<html>
    <head>
        <meta charset="UTF-8">
        <title>弹出式密码保护</title>
        <script type="text/javascript">
            function disp_prompt() {
                var passwordValue = prompt("请输入密码", "");
                document.getElementById("password").value = passwordValue;
            }
        </script>
    </head>

    <body>
        <form action="" method="post">
            <input  type="password"  name="password"    id="password"
```

```
onclick="disp_prompt()" placeholder="请输入密码" required=""/>
                <input type="submit" value="提交"/>
            </form>

        </body>
    </html>
```

实例运行结果如图 5-29 所示。

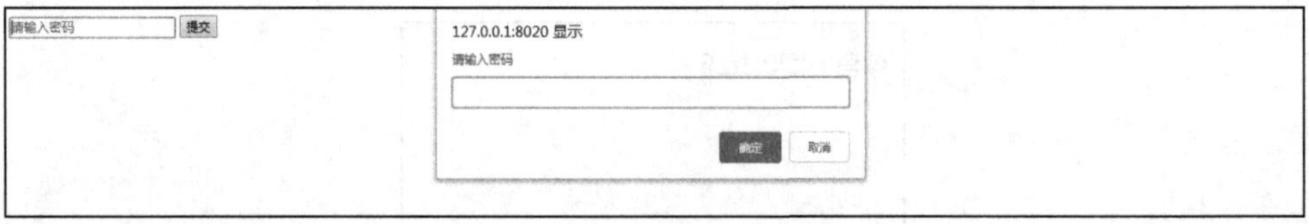

图 5-29 实例 5-23 运行结果

5.8.2 检查密码的格式合法性

假设密码规则如下。

1）密码必须至少包含 8 个字符。

2）密码只能包含数字和字母，不能包含特殊字符。

3）密码必须同时包含数字和字母。

以下实例，当用户输入密码，离开输入框之后，如果该密码符合规则就显示"密码格式符合要求"，否则显示"不合法密码"。

实例 5-24 按设定的密码规则检查密码格式。

```
<!DOCTYPE html>
<html>

    <head>
        <meta charset="UTF-8">
        <title>检查密码的格式合法性</title>
    </head>
    <script language="javascript">
        function CheckPassWord(password) {
        //必须为字母加数字且长度不小于 8 位
            var str = password;
            if(str == null || str.length < 8) {
                document.getElementById("pwdTip").innerHTML = "密码长度
不小于 8 位";
                document.getElementById("pwdTip").style.color="red";
                return false;
```

```
            }
            var reg1 = new RegExp(/^[0-9A-Za-z]+$/);
            if(!reg1.test(str)) {
                document.getElementById("pwdTip").innerHTML = "密码不能
包含特殊字符";
                document.getElementById("pwdTip").style.color="red";
                return false;
            }
            var reg = new RegExp(/[A-Za-z].*[0-9]|[0-9].*[A-Za-z]/);
            if(reg.test(str)) {
                document.getElementById("pwdTip").innerHTML = "合法密码";
                document.getElementById("pwdTip").style.color="green";

                return true;
            } else {
                document.getElementById("pwdTip").innerHTML = "密码必须
包含数字和字母";
                document.getElementById("pwdTip").style.color="red";
                return false;
            }
        }
    </script>
    <body>
    <form id="" name="" action="" method="get">
        <input type="password" id="password" name="password" value=""
onblur="CheckPassWord(this.value)">
            <label id="pwdTip">密码规则：密码必须至少有 8 个字符，只能包含数字和字
母</label>
    </form>
    </body>

</html>
```

运行实例，初始页面效果如图 5-30 所示。

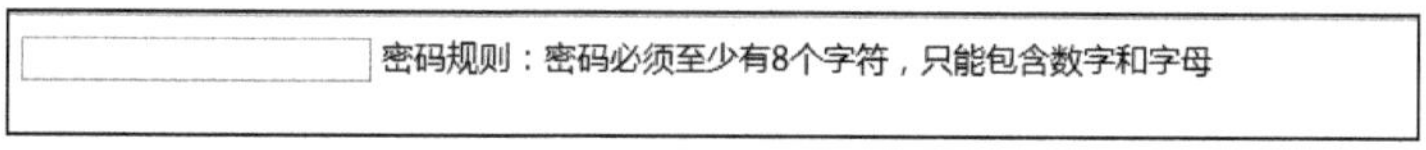

图 5-30　实例 5-24 运行结果 1

用户输入长度小于 8 位的密码时，页面提示如图 5-31 所示。

图 5-31 实例 5-24 运行结果 2

用户输入纯数字或者纯字母时，页面提示如图 5-32 所示。

密码必须包含数字和字母

图 5-32 实例 5-24 运行结果 3

用户输入包含特殊字符的密码时，页面提示如图 5-33 所示。

密码不能包含特殊字符

图 5-33 实例 5-24 运行结果 4

用户输入合法密码时，页面提示如图 5-34 所示。

合法密码

图 5-34 实例 5-24 运行结果 5

巩 固 练 习

1．实现记录流逝的时间。
2．实现验证码倒计时按钮。
3．实现图片自动轮播特效。
4．实现返回顶部特效。
5．实现搜索框动态延展特效。

第 6 章　初识 jQuery

本章主要介绍如何引用 jQuery，以便在网页中通过 JavaScript 使用它，包括使用$()函数查找元素，调用 html()方法为元素设置文本内容，调用$(document).ready()方法基于页面加载来执行代码。此外，本章还介绍了 JavaScript 和 jQuery 框架使用的不同之处，以及 jQuery 对象与 DOM 对象如何相互转换，帮助读者了解 jQuery 能够简化哪些任务。

6.1　jQuery 概述

6.1.1　jQuery 简介

jQuery 是一个 JavaScript 函数库，为 Web 脚本编程提供通用的抽象层，几乎适用于任何脚本编程的情形。它容易扩展而且不断有新插件出现增强其功能。jQuery 库包含以下功能。

1）HTML 元素的选取和操作：如果不使用 JavaScript 库，遍历 DOM 节点树，以及查找 HTML 文档结构中某个特殊的部分，必须编写很多行代码。jQuery 为准确地获取需要检查或操纵的文档元素，提供了可靠且富有效率的选择符机制。

2）CSS 操作：jQuery 解决了浏览器对 CSS 标准支持不足的问题，提供了跨浏览器的标准解决方案。jQuery 使操作样式属性变得更容易。

3）HTML 事件函数：jQuery 提供了更多的事件函数，语法也更加简洁。

4）JavaScript 特效和动画：jQuery 内置了一批隐藏元素、显示元素、淡入、淡出、自定义动画效果等，以及一些制作新效果的工具包，为页面添加动态效果提供了极大便利。

5）AJAX：jQuery 通过对原生 JavaScript 的 Ajax 进一步封装，简单的书写使得无须刷新页面从服务器获取信息的操作更加容易，从而创建出反应更加灵敏、功能更加丰富的网站。

6）jQuery 提供了大量的插件。

6.1.2　jQuery 的特点

1. 强大的选择器

jQuery 允许开发者使用从 CSS1 到 CSS3 几乎所有的选择器，以及 jQuery 独创的高级且复杂的选择器，另外还可以加入插件使其支持 XPath 选择器，甚至开发者自己编写的选择器。由于 jQuery 支持选择器这一特性，因此有一定 CSS 经验的开发人员可以很容易地切入到 jQuery 的学习中来。

2. 出色的 DOM 操作的封装

jQuery 封装了大量常用的 DOM 操作，使开发者在编写 DOM 操作相关程序时能够得心应手。使用 jQuery 可以轻松地完成各种原本非常复杂的操作，让 JavaScript 新手也能写出出色的程序。

3. 可靠的事件处理机制

jQuery 的事件处理机制吸收了 JavaScript 专家 Dean Edwards 编写的事件处理函数的精华，使得 jQuery 在处理事件绑定时相当可靠。在预留退路、循序渐进及非入侵式编程方面，jQuery 也做得非常不错。

4. 完善的 Ajax

jQuery 将所有的 Ajax 操作封装到一个函数$.ajax()中，使得开发者在处理 Ajax 时能够专心处理业务逻辑，而无须关心复杂的浏览器兼容性和 XMLHttpRequest 对象的创建和使用的问题。

5. 丰富的插件支持

jQuery 的易扩展性，吸引了全球的开发者来编写 jQuery 的扩展插件。目前，已经有超过几百种官方插件支持，而且不断有新插件面世。

6. 行为层与结构层的分离

开发者可以使用选择器选中元素，然后直接给元素添加事件。这种将行为层与结构层完全分离的思想，可以使 jQuery 开发人员和 HTML 或其他页面开发人员各司其职，摆脱过去开发冲突或个人单干的开发模式。同时，后期维护也非常方便，不需要在 HTML 代码中寻找某些函数和重复修改 HTML 代码。

7. 出色的浏览器兼容性

作为一个流行的 JavaScript 库，浏览器的兼容性是必须具备的条件之一。jQuery 能够在 IE 6.0+、FF 2+、Safari 2和 Opera 9.0+下正常运行。jQuery 同时修复了一些浏览器之间的差异，使开发者不必在开展项目前建立浏览器兼容库。

8. 链式操作方式

jQuery 中最有特色的莫过于它的链式操作方式，即对发生在同一个 jQuery 对象上的一组动作，可以直接连写而无须重复获取对象。这一特点使得 jQuery 的代码无比优越。

6.2　基于 jQuery 的开发

6.2.1　配置开发环境

了解 jQuery 能够提供的丰富特性之后，下面就来看一看这个库的实际应用。为此，需要下载一个 jQuery 副本，该副本可以放在外部站点上，也可以放在自己的服务器上。

可以通过多种方法在网页中添加 jQuery 库。例如：

1）从 jquery.com 网站下载最新的 jQuery 库；

2）从 CDN 中载入 jQuery，如从百度或者谷歌中加载 jQuery。

jQuery 有两个版本可供下载。

1）Production version：用于实际的网站中，已被精简和压缩。

2）Development version：用于测试和开发中（未压缩，是可读的代码）。

以上两个版本都可以从 jQuery 官网下载。

jQuery 库是一个 JavaScript 文件，可以使用 HTML 的<script>标签引用它。

```
<head>
    <script src="jquery-3.1.1.js"></script>
</head>
```

6.2.2　代码实现

1）在 HTML 页面中引入 jQuery 库。这里要注意，引入 jQuery 库使用<script>标签，必须放在引用自定义脚本文件的<script>标签之前，否则在后续编码中将引用不到 jQuery 库。

2）编写 jQuery 代码，实现程序。

实例 6-1　第一个 jQuery 程序。

```
<!DOCTYPE html>
<html>

    <head>
        <meta charset="UTF-8">
        <title>第一个 jQuery 程序</title>
        <script  src="../js/jquery-3.2.1.js"  type="text/javascript"
charset="utf-8"></script>
        <script type="text/javascript">
            // 文档就绪事件
```

```
        $(document).ready(function() {

            // 开始编写 jQuery 代码
            $("#box").html("第一个 jQuery 程序!")

        });
    </script>
</head>

<body>
    <div id="box">

    </div>
</body>
</html>
```

实例运行结果如图 6-1 所示。

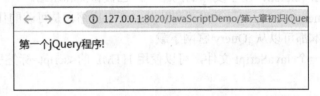

← → C ① 127.0.0.1:8020/JavaScriptDemo/第六章初识jQue

第一个jQuery程序!

图 6-1   实例 6-1 运行结果

【实例解析】

1）第一个<script>标签通过 src 属性引入了本地服务器中的 jQuery 库，位于 js 文件夹的 jquery-3.2.1.js 文件中。

2）从第 8 行开始另起一个新的<script>标签用来编写 jQuery 代码。

3）在第 10 行，$(document).ready(function() { ... });是 jQuery 的文档就绪(ready)事件，这是为了防止文档在完全加载（就绪）之前运行 jQuery 代码，即在 DOM 加载完成后才可以对 DOM 进行操作。

4）第 12 行的代码用来查找页面中的元素。在这里，查找 ID 为"box"的第一个<div>元素。这是通过 jQuery 选择器$()实现的。选择器可以包含任何有效的 CSS 选择符表达式，以便定位 DOM 元素。在本例中，使用了一个简单的选择器，以选择具有 ID 值为"box"的元素。这行代码返回一个新的 jQuery 对象实例，它封装了一个或多个 DOM 元素，并允许以不同的方式与这些元素进行交互。

5）本例中 html()函数的作用是为指定元素设置文本内容。

另外，jQuery 的文档就绪事件还支持简写写法，代码如下。

```
    <script    src="../js/jquery-3.2.1.js"    type="text/javascript"
charset="utf-8"></script>
    <script type="text/javascript">
        // 文档就绪事件
        $(document).ready(function() {

            // 开始编写 jQuery 代码
            $("#box").html("第一个 jQuery 程序!")

        });
        // 简写写法
        $(function() {

            // 开始编写 jQuery 代码
            $("#box").html("第一个 jQuery 程序!")

        });
    </script>
</head>

<body>
    <div id="box">

    </div>
</body>
```

以上两种方式均可实现文档就绪后执行 jQuery 方法。

6.3　jQuery 对象及其与 DOM 对象的转换

6.3.1　jQuery 对象简介

　　jQuery 对象就是通过 jQuery($())包装 DOM 对象后产生的对象。jQuery 对象是 jQuery 独有的对象。如果一个对象是 jQuery 对象，那么它就可以使用 jQuery 中的方法：$("#persontab").html()；而 jQuery 对象无法使用 DOM 对象的任何方法，同样 DOM 对象 也无法使用 jQuery 中的任何方法。如果获取的是 jQuery 对象，那么要在变量前面加上$。示例代码如下。

```
var $variable = jQuery 对象
var variable = DOM 对象
```

6.3.2 jQuery 对象与 DOM 对象的转换

6.3.1 节介绍 jQuery 对象时，提到了 jQuery 对象无法使用 DOM 对象的方法，但如果 jQuery 库中没有封装想要的方法，不得不使用 DOM 对象的时候，该怎么办呢？此时可以将 jQuery 对象与 DOM 对象相互转换。

jQuery 对象转换成 DOM 对象，有如下两种方法。

1）jQuery 对象是一个数组对象，可以通过[index]方法得到对应的 DOM 对象。

2）使用 jQuery 中的 get(index)方法得到相应的 DOM 对象。

DOM 对象可以通过$修饰成 jQuery 对象。

实例 6-2 jQuery 对象与 DOM 对象相互转换。

```html
<!DOCTYPE html>
<html>

    <head>
        <meta charset="UTF-8">
        <title>jQuery 对象与 DOM 对象相互转换</title>
        <script src="../js/jquery-3.2.1.js" type="text/javascript"
charset="utf-8"></script>
        <script>
            $(document).ready(function() {
                //DOM 对象
                var div1 = document.getElementById("div1");
                //DOM 对象如何转换为 jQuery 对象
                var $div2 = $(div1);
                console.log("jQuery 对象获取文本内容：" + $div2.text());

                //将 jQuery 对象转换为 DOM 对象
                var t = $("#p1")[0]; //或者 t = $("#p1").get(0);
                console.log("DOM 对象获取文本内容：" +t.innerText);
            });
        </script>
    </head>

    <body>
        <div id="div1">DOM 对象转换成 jQuery 对象：  通过$()包装,并使用$修饰
接收变量</div>
        <p id="p1">jQuery 对象转换成 DOM 对象 :通过[index]和 get(index)</p>
    </body>

</html>
```

实例运行结果如图 6-2 所示。

图 6-2 实例 6-2 运行结果

【实例解析】

1）从第 9 行开始，通过文档就绪事件($(document).ready())来确保文档完全加载并准备就绪后执行 JavaScript 代码。

2）第 10 行～第 14 行，先使用原生 JavaScript 获取了一个 DOM 元素，通过 getElementById("div1")获取 ID 为"div1"的<div>元素，这是一个 DOM 对象；然后将这个 DOM 对象通过$()包装，将其转换为 jQuery 对象，并将这个 jQuery 对象赋给变量$div2，这时可以使用 jQuery 的方法来操作它。在第 14 行，使用$div2.text()获取$div2 中的文本内容。

3）第 15 行～第 17 行，演示了如何将 jQuery 对象转换为 DOM 对象。通过 $("#p1")[0]或者$("#p1").get(0)，选择 ID 为"p1"的元素并将其转换为 DOM 对象。然后，使用 DOM 元素的 innerText 属性来获取文本内容。

这段代码展示了如何在 jQuery 和原生 JavaScript 之间相互转换 DOM 对象和 jQuery 对象，以便使用不同的方法来操作元素。

巩 固 练 习

使用 jQuery 编写一段简单程序，弹出一个提示框。

第 7 章　jQuery 选择器

本章主要介绍 jQuery 的各种选择器的意义和使用方式，如何使用 CSS 选择符以不同方式在页面中选择元素集合。除此之外，还介绍一些常用的函数和方法，以及 jQuery 如何操作 HTML 元素的内容、值、属性、类样式等。

7.1　选择器简介

jQuery 最强大的特性之一就是选择器，它能够简化在 DOM 中选择元素的任务。jQuery 选择器允许对 HTML 元素组或单个元素进行操作。jQuery 选择器基于元素的 ID、类、类型、属性、属性值等查找（或选择）HTML 元素。它基于已经存在的 CSS 选择器，除此之外，它还有一些自定义的选择器。

jQuery 中所有选择器都以美元符号开头：$()。

7.2　选择器的分类

7.2.1　基本选择器

jQuery 基本选择器有 3 种基本选择符：标签名、ID 和类，这些选择符可以单独使用，也可以与其他选择符组合使用。jQuery 基本选择器包括标签选择器、ID 选择器、类选择器、通用选择器、群组选择器 5 种。

1. 标签选择器

标签选择器根据给定的元素标签名匹配所有元素。

语法格式如下。

```
$("标签名")
```

例如，在页面中选取所有<DIV>元素。

```
$("div")
```

实例 7-1　在页面中选取所有<DIV>元素，设置其背景颜色。

```html
<!DOCTYPE html>
<html>

    <head>
        <meta charset="UTF-8">
        <title>基本选择器</title>
        <script  src="../js/jquery-3.2.1.js"  type="text/javascript"
charset="utf-8"></script>
        <script>
            $(document).ready(function() {
                $("div").css("background-color","goldenrod");
            });
        </script>
    </head>

    <body>
        <h2>这是一个标题</h2>
        <div>这是一个 DIV。</p>
        <div>这是另一个 DIV。</p>
    </body>

</html>
```

实例运行结果如图 7-1 所示。

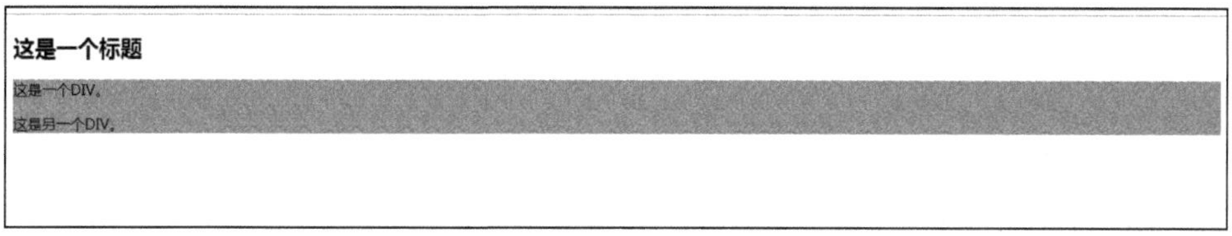

这是一个标题

这是一个DIV。
这是另一个DIV。

图 7-1　实例 7-1 运行结果

2. ID 选择器

ID 选择器根据给定的 ID 匹配一个元素。
语法格式如下。

```
$("#ID")
```

例如：

```
$("#div1")
```

注意：通过 ID 选取元素使用符号#。

实例 7-2　选择指定 ID 值的第一个元素设置字体大小。

```html
<!DOCTYPE html>
<html>

    <head>
        <meta charset="UTF-8">
        <title>基本选择器</title>
        <style type="text/css">
            div{
                font-size: 10px;
            }
        </style>
        <script src="../js/jquery-3.2.1.js" type="text/javascript"
charset="UTF-8"></script>
        <script>
            $(document).ready(function() {
                // ID选择器
                $("#div1").css("font-size","20px");
            });
        </script>
    </head>

    <body>
        <h2>这是一个标题</h2>
        <div id="div1">这是一个 DIV。</p>
        <div>这是另一个 DIV。</p>
    </body>

</html>
```

实例运行结果如图 7-2 所示。

图 7-2　实例 7-2 运行结果

3. 类选择器

类选择器根据给定的 CSS 类名匹配元素。
语法格式如下。

```
$(".类名")
```

例如：

```
$(".test")
```

实例 7-3　将带有 class="test"属性的元素都加上背景颜色。

```html
<!DOCTYPE html>
<html>

    <head>
        <meta charset="UTF-8">
        <title>基本选择器</title>
        <style type="text/css">
            div{
                font-size: 10px;
            }
        </style>
        <script  src="../js/jquery-3.2.1.js"  type="text/javascript"
charset="utf-8"></script>
        <script>
            $(document).ready(function() {
                // 类选择器
                $(".test").css("background-color","gray");
            });
        </script>
    </head>

    <body>
        <h3 class="test">这是标题 3</h3>
        <h4 class="test">这是标题 4</h4>
        <h5>这是标题 5</h5>
    </body>

</html>
```

实例运行结果如图 7-3 所示。

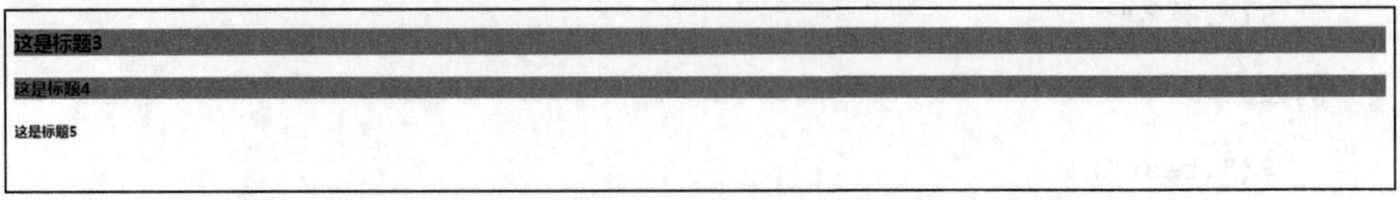

这是标题3

这是标题4

这是标题5

图 7-3　实例 7-3 运行结果

4. 通用选择器

通用选择器匹配所有元素，多用于结合上下文来搜索。

语法格式如下。

```
$("*")
```

实例 7-4 找到每一个元素，设置字体大小。

```html
<!DOCTYPE html>
<html>

    <head>
        <meta charset="UTF-8">
        <title>基本选择器</title>
        <script  src="../js/jquery-3.2.1.js"  type="text/javascript"
charset="utf-8"></script>
        <script>
            $(document).ready(function() {
                // 通用选择器
                $("*").css("font-size","10px");
            });
        </script>
    </head>

    <body>
        <h3 class="test">这是标题 3</h3>
        <h4 class="test">这是标题 4</h4>
        <h5>这是标题 5</h5>
    </body>

</html>
```

实例运行结果如图 7-4 所示。

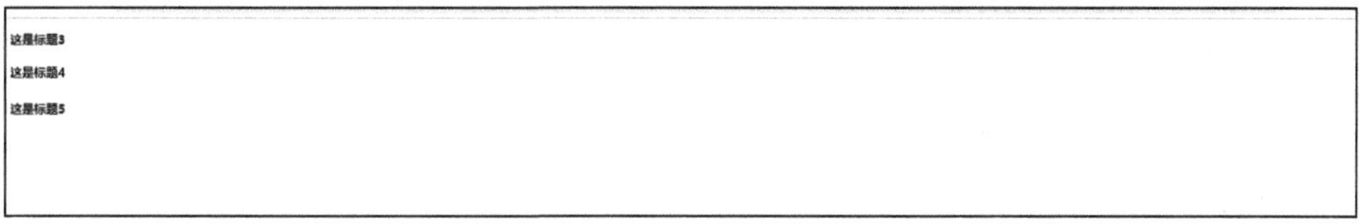

图 7-4　实例 7-4 运行结果

5. 群组选择器

群组选择器将每一个选择器匹配到的元素合并后一起返回。可以指定任意多个选择器，并将匹配到的元素合并到一个结果内。

语法格式如下。

```
$("element1,element2,element3,...")
```

实例 7-5　选取所有<div>元素，给带有 class="test"属性的元素加上背景颜色。

```
<!DOCTYPE html>
<html>

    <head>
        <meta charset="UTF-8">
        <title>基本选择器</title>
        <style type="text/css">
            div{
                font-size: 10px;
            }
        </style>
        <script src="../js/jquery-3.2.1.js" type="text/javascript"
charset="utf-8"></script>
        <script>
            $(document).ready(function() {
                // 群组选择器
                $("div,.test").css("background-color","gray");
            });
        </script>
    </head>

    <body>
        <h2>这是一个标题</h2>
        <div id="div1">这是一个 DIV。</p>
        <div>这是另一个 DIV。</p>
        <h3 class="test">这是标题 3</h3>
        <h4 class="test">这是标题 4</h4>
```

```
            <h5>这是标题 5</h5>
        </body>
    </html>
```

实例运行结果如图 7-5 所示。

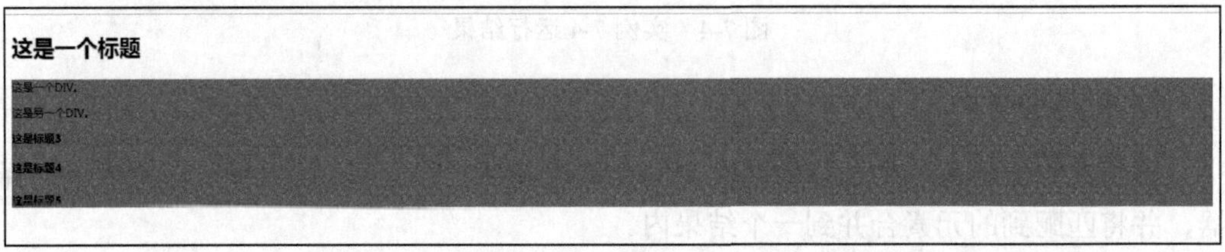

这是一个标题

这是第一个DIV.
这是另一个DIV.
这是标题3
这是标题4
这是标题5

图 7-5　实例 7-5 运行结果

7.2.2　层次选择器

层次选择器有 4 种基本选择符：后代选择符、子元素选择符、相邻兄弟选择符、通用兄弟选择符。可以使用这 4 种符号达到不同效果。层次选择器的选择符如表 7-1 所示。

表 7-1　层次选择器的选择符

选择器	描述
$("A B")	获取 A 元素内部的所有 B 元素（后代元素）
$("A>B")	获取 A 元素内部的所有 B 子元素（父子元素）
$("A+B")	获得 A 元素后面的第一个 B 兄弟（相邻兄弟元素）
$("A~B")	获得 A 元素后面的所有的 B 兄弟（通用兄弟元素）

实例 7-6　单击不同按钮选取不同的元素设置背景颜色。

```html
<!DOCTYPE html>
<html>
    <head>
        <meta charset="UTF-8" />
        <title>02-层次选择器.html</title>
        <!-- 引入 jQuery -->
        <script src="../js/jquery-3.2.1.js" type="text/javascript"
charset="utf-8"></script>
        <script type="text/javascript">
            $(function() {
                // 选择<body>内的所有<div>元素
                $("#btn1").click(function() {
                    $("body div").css("background-color", "red");
                });
```

```
            // 在<body>内,选择子元素<div>
            $("#btn2").click(function() {
                $("body>div").css("background-color", "blue");
            });
            // 选择 ID 为 one 的下一个<div>元素
            $("#btn3").click(function() {
                $("#one + div").css("background-color", "green");
            });
            // 选择 ID 为 two 的元素后面的所有<div>兄弟元素
            $("#btn4").click(function() {
                $("#two~div").css("background-color", "gray");
            });

        });
    </script>
</head>

<body>
    <h3>层次选择器。</h3>

    <input type="button" value="选择<body>内的所有<div>元素。" id="btn1"/>
    <input type="button" value="在<body>内,选择子元素是<div>的。" id="btn2" />
    <input type="button" value="选择 id 为 one 的下一个<div>元素。" id="btn3" />
    <input type="button" value="选择 id 为 two 的元素后面的所有<div>兄弟元素。" id="btn4" />
    <br />
    <br />

    <!-- 测试的元素 -->
    <div id="one">
        id 为 one 的<div>元素
        <div class="mini">class 为 mini</div>
    </div>

    <div id="two">
        id 为 two 的<div>元素
        <div class="mini">class 为 mini</div>
        <div class="mini">class 为 mini</div>
    </div>

    <div id="three">
        id 为 three 的<div>元素
```

```
        <div class="mini">class 为 mini</div>
        <div class="mini">class 为 mini</div>
        <div class="mini">class 为 mini</div>
        <div class="mini"></div>
    </div>

    <div id="four">
        id 为 four 的<div>元素
        <div class="mini">class 为 mini</div>
        <div class="mini">class 为 mini</div>
        <div class="mini">class 为 mini</div>
    </div>
</body>
<style type="text/css">
    #one,
    #two,
    #three,
    #four {
        border: 1px black solid;
        width: 200px;
        height: 350px;
        float: left;
        margin-right: 50px;
    }

    .mini {
        border: 1px black solid;
        width: 100px;
        height: 50px;
        margin: 20px;
    }
</style>
</html>
```

通过单击不同的按钮，可以触发对应的选择器操作，改变相应元素的背景颜色。本例中，当单击"选择 body 内的所有 div 元素"按钮时，将 body 内的所有 div 元素的背景颜色设置为红色，如图 7-6 所示。当单击"在 body 内，选择子元素是 div 的"按钮时，将 body 内的子元素是 div 的元素的背景颜色设置为蓝色，如图 7-7 所示。当单击"选择 id 为 one 的下一个 div 元素"按钮时，将 id 为 one 的元素的下一个 div 元素的背景颜色设置为绿色，如图 7-8 所示。当单击"选择 id 为 two 的元素后面的所有 div 兄弟元素"按钮时，将 id 为 two 的元素后面的所有 div 兄弟元素的背景颜色设置为灰色，运行结果如图 7-9 所示。

图 7-6　实例 7-6 运行结果 1

图 7-7　实例 7-6 运行结果 2

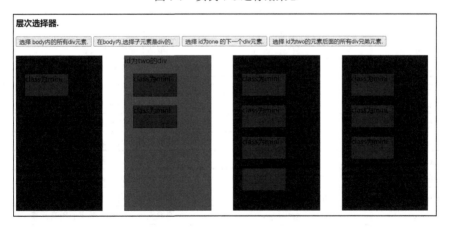

图 7-8　实例 7-6 运行结果 3

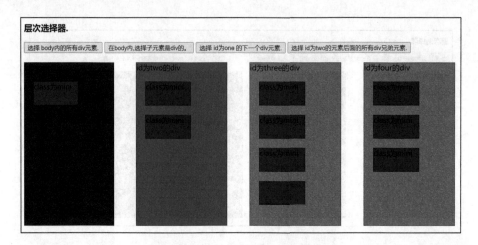

图 7-9　实例 7-6 运行结果 4

| 图 7-6 | 图 7-7 | 图 7-8 | 图 7-9 |

7.2.3　过滤选择器

jQuery 过滤选择器种类很多，每一种选择器的作用如表 7-2 所示。

表 7-2　过滤选择器的作用

选择器	实例	作用
:first	$("p:first")	选取第一个<p>元素
:last	$("p:last")	选取最后一个<p>元素
:even	$("tr:even")	选取所有偶数<tr>元素
:odd	$("tr:odd")	选取所有奇数<tr>元素
:eq(index)	$("ulli:eq(3)")	选取列表中的第 4 个元素（index 从 0 开始）
:gt(no)	$("ulli:gt(3)")	选取列表中的 index 大于 3 的元素
:lt(no)	$("ulli:lt(3)")	选取列表中的 index 小于 3 的元素
:not(selector)	$("input:not(:empty)")	选取所有不为空的 input 元素
:header	$(":header")	选取所有标题元素<h1>～<h6>
:animated		选取所有动画元素
:contains(text)	$(":contains('W3School')")	选取包含指定字符串的所有元素
:empty	$(":empty")	选取无子（元素）节点的所有元素
:hidden	$("p:hidden")	选取所有隐藏的<p>元素
:visible	$("table:visible")	选取所有可见的表格

注意： 索引值从 0 开始计数。

实例 7-7　表格隔行变色。

```
<head>
<script     src="../js/jquery-3.2.1.js"     type="text/javascript"
charset="UTF-8"></script>
        <script type="text/javascript">
            $(function() {

                // 偶数行
                $("table tr:even").css("background-color","gray");
                // 奇数行
                $("table tr:odd").css("background-color","orange");

            })
        </script>
    </head>


    <body>
        <table border="" cellspacing="" cellpadding="">
        <tr>
            <th>Header</th>
            <th>Header</th>
            <th>Header</th>

        </tr>
        <tr>
            <td>Data</td>
            <td>Data</td>
            <td>Data</td>

        </tr>
        <tr>
            <td>Data</td>
            <td>Data</td>
            <td>Data</td>

        </tr>
        <tr>
            <td>Data</td>
            <td>Data</td>
            <td>Data</td>

        </tr>
```

```
        </table>
    </body>
```

实例运行结果如图 7-10 所示。

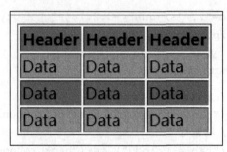

图 7-10 实例 7-7 运行结果

实例 7-8 查找元素并设置样式。

```
    <head>
    <script        src="../js/jquery-3.2.1.js"        type="text/javascript"
charset="utf-8"></script>
        <script type="text/javascript">
            $(function() {

                // 查询第 3 个<tr>元素
                $("table tr:eq(2)").css("background-color","red");

            })
        </script>
    </head>

    <body>
        <table border="" cellspacing="" cellpadding="">
            <tr>
                <th>Header</th>
                <th>Header</th>
                <th>Header</th>
            </tr>
            <tr>
                <td>Data</td>
                <td>Data</td>
                <td>Data</td>
            </tr>
            <tr>
```

```
            <td>Data</td>
            <td>Data</td>
            <td>Data</td>
        </tr>
        <tr>
            <td>Data</td>
            <td>Data</td>
            <td>Data</td>
        </tr>
    </table>
</body>
```

实例运行结果如图 7-11 所示。

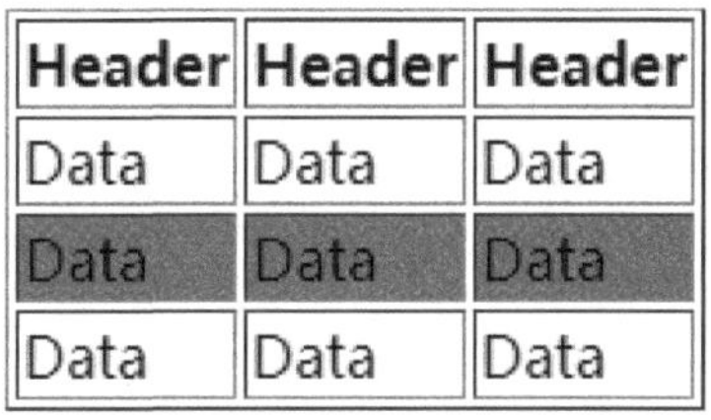

图 7-11　实例 7-8 运行结果

7.2.4　表单选择器

表单作为 HTML 中一种特殊的元素，操作方法较为多样和特殊。开发者不但可以使用之前的常规选择器或过滤器，也可以使用 jQuery 为表单专门提供的选择器和过滤器来准确地定位表单元素。表单选择器的选择符如表 7-3 所示。

表 7-3　表单选择器的选择符

选择器	实例	选取
:input	$(":input")	所有<input>元素
:text	$(":text")	所有 type="text"的<input>元素
:password	$(":password")	所有 type="password"的<input>元素
:radio	$(":radio")	所有 type="radio"的<input>元素
:checkbox	$(":checkbox")	所有 type="checkbox"的<input>元素
:submit	$(":submit")	所有 type="submit"的<input>元素
:reset	$(":reset")	所有 type="reset"的<input>元素
:button	$(":button")	所有 type="button"的<input>元素
:image	$(":image")	所有 type="image"的<input>元素
:file	$(":file")	所有 type="file"的<input>元素

实例 7-9 选取所有 type="button"的<input>元素和<button>元素。

```
<script        src="../js/jquery-3.2.1.js"        type="text/javascript"
charset="utf-8"></script>
        <script>
            $(document).ready(function() {
                $("button:eq(0)").click(function() {
                    // 选取所有 type="button" 的 <input> 元素 和 <button> 元素
                    $(":button").css("background-color", "#8FBC8F");
                });
            });
        </script>

        <body>
            <button>点我</button>
            <h2>这是标题</h2>
            <p>这是一个段落。</p>
            <button>按钮</button>
            <input type="button" name="" id="" value="按钮" />

        </body>
```

运行实例，初始页面效果如图 7-12 所示。

单击按钮之后的实例运行结果如图 7-13 所示。

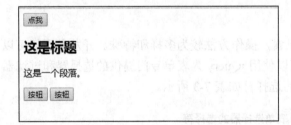

图 7-12 实例 7-9 运行结果 1   图 7-13 实例 7-9 运行结果 2

实例 7-10 选取所有带有 type="password"的<input>元素。

```
        <script>
            $(document).ready(function() {
                $("button:eq(0)").click(function() {

                    $(":password").css("background-color", "#8FBC8F");
                });
            });
        </script>

        <body>
```

```
        <button>点我</button>
        <h2>这是标题</h2>
        <p>这是一个段落。</p>
        <button>按钮</button>
        <input type="button" name="" id="" value="按钮" />
        <input type="password" name="" placeholder="请输入密码"/>
    </body>
```

运行实例，初始页面效果如图 7-14 所示。

单击按钮之后的页面效果如图 7-15 所示。

图 7-14　实例 7-10 运行结果 1

图 7-15　实例 7-10 运行结果 2

7.3　元素属性的操作

7.3.1　设置元素属性

在 jQuery 中，prop()方法用于设置（改变）属性值。

语法格式如下。

```
$(selector).prop(属性名,属性值)
```

实例 7-11　当用户单击按钮时，将改变超链接的 href 和 title 属性值等。

```
<script src="../js/jquery-3.2.1.js" type="text/javascript" charset=
"UTF-8"></script>
    <script>
        $(document).ready(function() {
            $("button:eq(0)").click(function() {

                $("a").prop("href","http://www.taobao.com");
                $("a").prop("title","淘宝");
                $("a").text("淘宝");
            });
        });
```

```
    </script>
    <body>
        <button>改变超链接和文字</button>
        <a href="http://www.baidu.com" title="百度一下,你就知道">百度</a>
    </body>
```

运行实例，初始页面效果如图 7-16 所示。

图 7-16　实例 7-11 运行结果 1

单击按钮之后的页面效果如图 7-17 所示。

图 7-17　实例 7-11 运行结果 2

7.3.2　删除元素属性

在 jQuery 中，removeProp()方法用于移除由 prop()方法设置的属性。
语法格式如下。

```
    $(selector).removeProp(属性名)
```

实例 7-12　删除元素属性。

```html
<!DOCTYPE html>
<html>

    <head>
        <meta charset="UTF-8">
        <title>删除元素属性</title>
    </head>
    <script    src="../js/jquery-3.2.1.js"    type="text/javascript"
charset="utf-8"></script>
    <script>
        $(document).ready(function() {
            $("button:eq(0)").click(function() {

                $("a").prop("title", "百度一下,你就知道");

            });
            $("button:eq(1)").click(function() {

                $("a").removeProp("title");

            });
        });
    </script>

    <body>
        <button>步骤 1：为超链接添加 title 属性</button>
        <button>步骤 2：为超链接删除 title 属性</button>
        <a href="http://www.baidu.com">百度</a>
    </body>

</html>
```

运行实例，页面超链接无 title 属性时的页面效果如图 7-18 所示。

图 7-18　实例 7-12 运行结果 1

用户单击第一个按钮后的效果：为超链接添加 title 属性，值为"百度一下，你就知
道"，如图 7-19 所示。

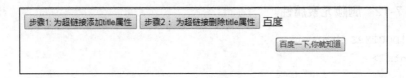

图 7-19　实例 7-12 运行结果 2

用户单击第二个按钮后的效果：为超链接删除 title 属性，如图 7-20 所示。

图 7-20　实例 7-12 运行结果 3

7.4　样式类的操作

jQuery 拥有若干进行 CSS 操作的方法，本节将学习以下方法。

1）addClass()：向被选元素添加一个或多个类。

2）removeClass()：从被选元素中删除一个或多个类。

3）toggleClass()：对被选元素进行添加（删除）类的切换操作。

7.4.1　添加样式类

在 jQuery 中，addClass()方法用于向被选元素添加一个或多个类。该方法不会移除已存在的 class 属性，仅仅添加一个或多个类名到 class 属性。

语法格式如下。

```
$(selector).addClass(classname,function(index,oldclass))
```

实例 7-13　向不同的元素添加 class 属性。

```
<!DOCTYPE html>
<html>
    <head>
        <meta charset="UTF-8">
        <title></title>
        <script  src="../js/jquery-3.2.1.js"  type="text/javascript"
charset="UTF-8"></script>
        <script>
            $(document).ready(function() {
```

```
        $("button").click(function() {
            $("h1,h2,p").addClass("red");
            $("div").addClass("important");
        });
    });
</script>
<style type="text/css">
    .important {
        font-weight: bold;
        font-size: xx-large;
    }

    .red {
        color: red;
    }
</style>
</head>

<body>

    <h1>标题 1</h1>
    <h2>标题 2</h2>
    <p>这是一个段落。</p>
    <p>这是另外一个段落。</p>
    <div>这是一些重要的文本!</div>
    <br>
    <button>为元素添加 class</button>

</body>

</html>
```

运行实例，页面初始效果如图 7-21 所示。

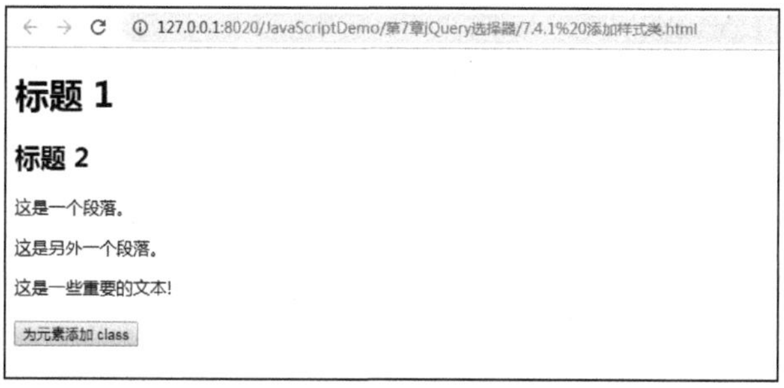

图 7-21　实例 7-13 运行结果 1

图 7-21

单击按钮后的页面效果如图 7-22 所示。

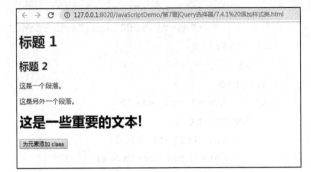

图 7-22

图 7-22　实例 7-13 运行结果 2

此外，还可以向元素同时添加多个类样式，示例代码如下。

```
$("button").click(function(){
    $("div").addClass("important red");
});
```

7.4.2　移除样式类

在 jQuery 中，removeClass()方法用于从被选元素中移除一个或多个类。
语法格式如下。

```
$(selector).removeClass(classname,function(index,currentclass))
```

注意：如果没有规定参数，则该方法将从被选元素中删除所有类。

实例 7-14　删除指定元素的类样式。

```
<!DOCTYPE html>
<html>
    <head>
        <meta charset="UTF-8">
        <title></title>
        <script  src="../js/jquery-3.2.1.js"  type="text/javascript"
charset="utf-8"></script>
        <script>
            $(document).ready(function() {
                $("button").click(function() {
                    $("p").removeClass("test");
                });
            });
        </script>
```

```
        <style type="text/css">
            .test {
                font-size: 120%;
                color: red;
            }
        </style>
    </head>
    <body>
        <h1>这是一个标题</h1>
        <p class="test">这是一个段落。</p>
        <p class="test">这是另一个段落。</p>
        <button>移除所有 P 元素的"test"类</button>
    </body>
</html>
```

运行实例，页面初始效果如图 7-23 所示。

这是一个标题

这是一个段落。

这是另一个段落。

移除所有P元素的"test"类

图 7-23 实例 7-14 运行结果 1

单击按钮后的页面效果如图 7-24 所示。

这是一个标题

这是一个段落。

这是另一个段落。

移除所有P元素的"test"类

图 7-24 实例 7-14 运行结果 2

图 7-23　　　　　　　　　　　　　　　　　　图 7-24

7.4.3 交替样式类

在 jQuery 中，toggleClass()方法用于对添加和移除被选元素的一个或多个类进行切换。该方法检查每个元素中指定的类。如果不存在则添加类，如果已设置则删除它。使用该方法可以达到所谓的切换效果。

语法格式如下。

```
$(selector).toggleClass(classname,function(index,currentclass),switch)
```

实例 7-15　使用 toggleClass()方法来对添加和移除类进行切换。

```
<!DOCTYPE html>
<html>
    <head>
        <meta charset="UTF-8">
        <title>交替样式类</title>
        <script  src="../js/jquery-3.2.1.js"  type="text/javascript"
charset="utf-8"></script>
        <script>
            $(document).ready(function() {
                $("button").click(function() {
                    $("h1").toggleClass("test");
                });
            });
        </script>
        <style>
            .test {
                font-size: 120%;
                color: red;
            }
        </style>
    </head>
    <body>
        <h1 class="test">这是一个段落。</</h1>
        <h1>这是另一个段落。</</h1>
        <button>转换 h1 元素的"test"类</button>
    </body>
</html>
```

运行实例，页面初始效果如图 7-25 所示。

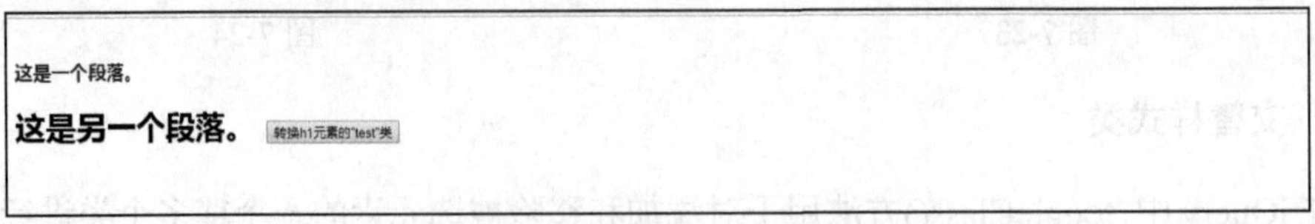

图 7-25　实例 7-15 运行结果 1

单击按钮，切换样式，页面效果如图 7-26 所示。

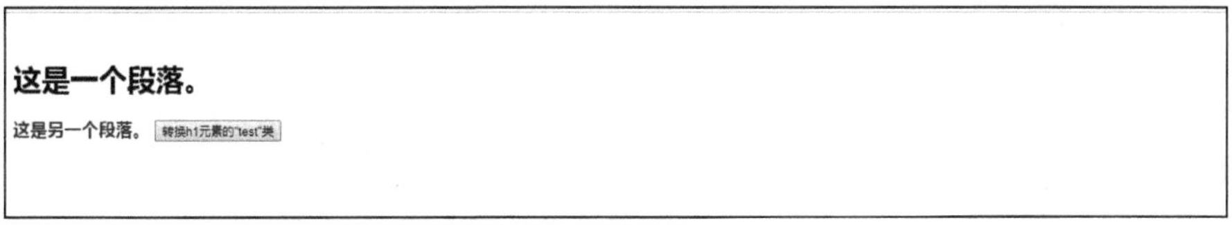

这是一个段落。

这是另一个段落。 转换h1元素的"test"类

图 7-26　实例 7-15 运行结果 2

图 7-25

图 7-26

7.5　样式属性的操作

css()方法通常用于设置或返回被选元素的一个或多个样式属性。

7.5.1　读取样式属性

返回指定的 CSS 属性的值的语法格式如下。

```
css("propertyname");
```

实例 7-16　返回首个匹配元素的 background-color 值。

```html
<!DOCTYPE html>
<html>
    <head>
        <meta charset="UTF-8">
        <title>读取样式属性</title>
    </head>
    <script   src="../js/jquery-3.2.1.js"   type="text/javascript"
charset="utf-8"></script>
    <script type="text/javascript">
        $(document).ready(function() {
            $("button").click(function() {
                alert("背景颜色 = " + $("p").css("background-color"));
            });
        });
```

```
    </script>
    <body>
        <h2>这是一个标题</h2>
        <p style="background-color:red">这是一个段落。</p>
        <p style="background-color:blue">这是一个段落。</p>
        <p style="background-color:green">这是一个段落。</p>
        <button>返回第一个 p 元素的 background-color </button>
    </body>
</html>
```

图 7-27

实例运行结果如图 7-27 所示。

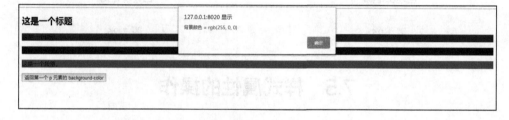

图 7-27 实例 7-16 运行结果

7.5.2 设置样式属性

设置指定的 CSS 属性的语法格式如下。

```
css("propertyname","value");
```

实例 7-17 为所有匹配元素设置 background-color 值。

```
<!DOCTYPE html>
<html>
    <head>
        <meta charset="UTF-8">
        <title></title>
    </head>
    <script    src="../js/jquery-3.2.1.js"    type="text/javascript"
charset="utf-8"></script>
    <script>
        $(document).ready(function() {
            $("button").click(function() {
                $("p").css("background-color", "pink");
            });
        });
```

```
</script>

<body>
    <h2>这是一个标题</h2>
    <p style="background-color:red">这是一个段落。</p>
    <p style="background-color:blue">这是一个段落。</p>
    <p style="background-color:green">这是一个段落。</p>
    <p>这是一个段落。</p>
    <button>设置 p 元素的 background-color </button>
</body>

</html>
```

运行实例，页面初始效果如图 7-28 所示。

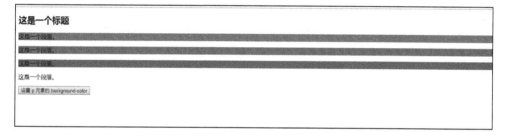

图 7-28　实例 7-17 运行结果 1

单击按钮，设置 background-color 属性值为粉色，页面效果如图 7-29 所示。

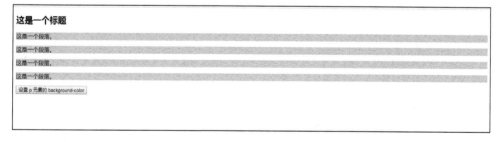

图 7-29　实例 7-17 运行结果 2

图 7-28

图 7-29

7.5.3 设置元素偏移

在 jQuery 中，offset()方法用于返回或设置匹配元素相对于文档的偏移（位置）。设置所有匹配元素的偏移坐标的语法格式如下。

```
$(selector).offset(value)
```

实例 7-18 使用另一个元素的位置来为元素设置新的 offset 值。

```html
<!DOCTYPE html>
<html>
    <head>
        <meta charset="UTF-8">
        <title>设置元素偏移</title>
    </head>
    <script    src="../js/jquery-3.2.1.js"    type="text/javascript"
charset="utf-8"></script>
        <script type="text/javascript">
        $(document).ready(function() {
            $("button").click(function() {
                // 获取偏移位置
                var o = $("span").offset();
                // 设置偏移位置
                $("h1").offset(o);
            });
        });
    </script>
    </head>

    <body>
        <h1>这是标题</h1>
        <button>为段落设置偏移，同 span 一样位置</button>
        <span style="position:absolute;left:100px;top:150px;">这是一个
span</span>
    </body>

</html>
```

运行实例，页面初始效果如图 7-30 所示。

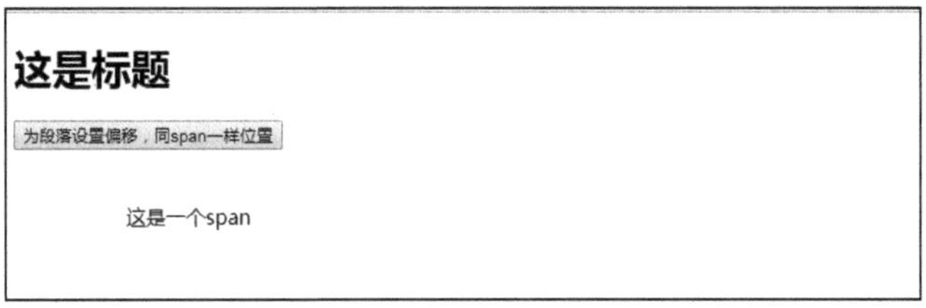

图 7-30　实例 7-18 运行结果 1

单击按钮后的页面效果如图 7-31 所示。

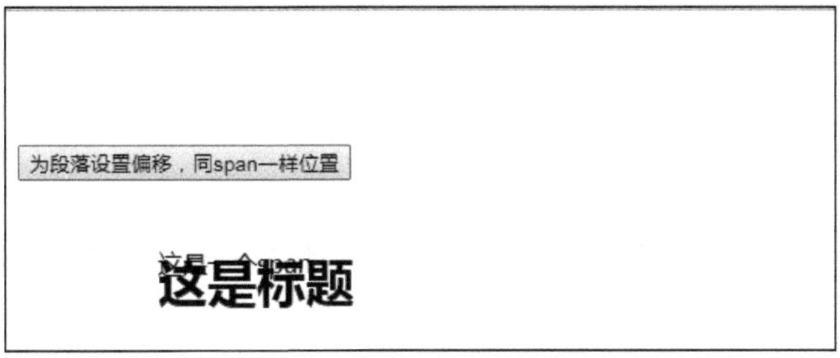

图 7-31　实例 7-18 运行结果 2

7.6　元素内容的操作

jQuery 提供了 3 种方法来设置元素的内容和值。

1）text()：设置或返回所选元素的文本内容。

2）html()：设置或返回所选元素的内容（包括 HTML 标记）。

3）val()：设置或返回表单字段的值。

7.6.1　操作 HTML 代码

在 jQuery 中，html()方法用于设置或返回被选元素的内容（innerHTML）。当该方法用于返回内容时，则返回第一个匹配元素的内容；当该方法用于设置内容时，则重写所有匹配元素的内容。

用于返回内容时，html()方法的语法格式如下。

```
$(selector).html()
```

用于设置内容时，html()方法的语法格式如下。

```
$(selector).html(content)
```

实例 7-19 获取元素的 HTML 代码。

```html
<!DOCTYPE html>
<html>
    <head>
        <meta charset="UTF-8">
        <title>操作 HTML 代码</title>
    </head>
    <script    src="../js/jquery-3.2.1.js"    type="text/javascript"
charset="utf-8"></script>
    <script>
        $(document).ready(function() {
            $("button").click(function() {
                // 获取<p>元素的内容
                alert($("p").html());
                // 设置<p>元素的内容
                $("p").html("<b>Hello world!</b>");
            });
        });
    </script>
    <body>

        <button>修改所有 p 元素的内容</button>
        <p><a href="">百度</a></p>
        <p>这是另一个段落。</p>

    </body>

</html>
```

运行实例，页面初始效果如图 7-32 所示。

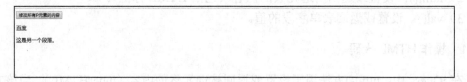

图 7-32　实例 7-19 运行结果 1

单击按钮，获取 HTML 代码，此时页面效果如图 7-33 所示。

图 7-33　实例 7-19 运行结果 2

7.6.2　操作文本

在 jQuery 中，text()方法用于设置或返回被选元素的文本内容。当该方法用于返回内容时，则返回所有匹配元素的文本内容（会删除 HTML 标记）；当该方法用于设置内容时，则重写所有匹配元素的内容。

用于返回内容时，text()方法的语法格式如下。

```
$(selector).text()
```

用于设置内容时，text()方法的语法格式如下。

```
$(selector).text(content)
```

实例 7-20　获取文本内容。

```
<!DOCTYPE html>
<html>
    <head>
        <meta charset="UTF-8">
        <title>操作 HTML 代码</title>
    </head>
    <script    src="../js/jquery-3.2.1.js"    type="text/javascript"
charset="utf-8"></script>
    <script>
        $(document).ready(function() {
            $("button").click(function() {
                // 获取<P>元素的内容
                alert($("p").text());
                // 设置<p>元素的内容
                $("p").text("<b>Hello world!</b>");
            });
        });
    </script>
    <body>

        <button>修改所有 P 元素的内容</button>
        <p><a href="">百度</a></p>
        <p>这是另一个段落。</p>

    </body>

</html>
```

运行实例，页面初始效果如图 7-34 所示。

图 7-34　实例 7-20 运行结果 1

单击按钮，获取文本，返回所有元素的内容，如图 7-35 所示。

图 7-35　实例 7-20 运行结果 2

设置文本，不识别 HTML 标签，如图 7-36 所示。

图 7-36　实例 7-20 运行结果 3

7.6.3　操作表单元素的值

在 jQuery 中，val()方法用于返回或设置被选元素的 value 属性值。当用于返回值时，返回第一个匹配元素的 value 属性值；当用于设置值时，设置所有匹配元素的 value 属性值。

用于返回内容时，val()方法的语法格式如下。

```
$(selector).val()
```

用于设置内容时，val()方法的语法格式如下。

```
$(selector).val(content)
```

实例 7-21　操作表单元素的值。

```
<!DOCTYPE html>
<html>
    <head>
        <meta charset="UTF-8">
        <title>操作表单元素的值</title>
    </head>
    <script    src="../js/jquery-3.2.1.js"    type="text/javascript"
```

```
charset="utf-8"></script>
    <script>
        $(document).ready(function() {
            $("button").click(function() {
                // 获取<P>元素的内容
                alert($(":text").val());
                // 设置<p>元素的内容
                $(":text").val("新值");
            });
        });
    </script>
    <body>
        <button>修改表单-文本框的值</button>
        <input type="text" name="" id="" value="测试" />
    </body>
</html>
```

运行实例，页面初始效果如图 7-37 所示。

图 7-37　实例 7-21 运行结果 1

单击按钮，获取表单元素的值，此时页面效果如图 7-38 所示。

图 7-38　实例 7-21 运行结果 2

设置表单元素的值，页面效果如图 7-39 所示。

图 7-39　实例 7-21 运行结果 3

7.7　筛选与查找元素集中的元素

使用 jQuery，能够向上遍历 DOM 节点树，以查找元素的祖先。主要有 parent()、parents()和 parentsUntil() 3 种查找祖先的方法。

使用 jQuery，能够向下遍历 DOM 节点树，以查找元素的后代。主要有 children()、find()两种查找后代的方法。

使用 jQuery，能够在 DOM 节点树中遍历元素的同胞元素。遍历同胞元素有多种方法，如 siblings()、next()、nextAll()、nextUntil()、prev()、prevAll()和 prevUntil()等。

下面介绍几种常用的方法。

1. parent()方法

在 jQuery 中，parent()方法用于返回被选元素的直接父元素。该方法只会向上一级对 DOM 节点树进行遍历。

语法格式如下。

```
$(selector).parent()
```

实例 7-22　查找每个段落的父元素。

```
<!DOCTYPE html>
<html>
    <head>
        <meta charset="UTF-8">
        <script  src="../js/jquery-3.2.1.js"  type="text/javascript"
charset="utf-8"></script>
    </head>
    <body>
        <div>
            <p>第一个段落</p>
        </div>
        <div class="selected">
            <p>第二个段落</p>
        </div>
        <script>
            $("p").parent().css("background", "yellow");
        </script>
```

```
        </body>
    </html>
```

实例运行结果如图 7-40 所示。

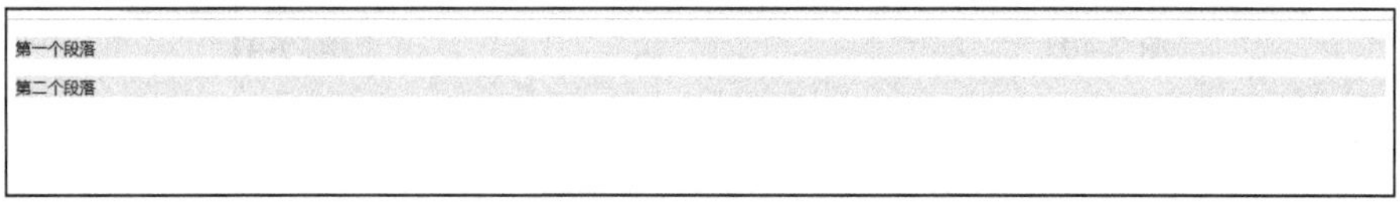

图 7-40　实例 7-22 运行结果

实例 7-23　查找每个段落的父元素，要求该父元素要带有 selected 样式。

```
<!DOCTYPE html>
<html>
    <head>
        <meta charset="UTF-8">
        <script  src="../js/jquery-3.2.1.js"  type="text/javascript"
charset="utf-8"></script>
    </head>

    <body>
        <div>
            <p>第一个段落</p>
        </div>
        <div class="selected">
            <p>第二个段落</p>
        </div>

        <script>
            $("p").parent(".selected").css("background", "yellow");
        </script>

    </body>
    </html>
```

实例运行结果如图 7-41 所示。

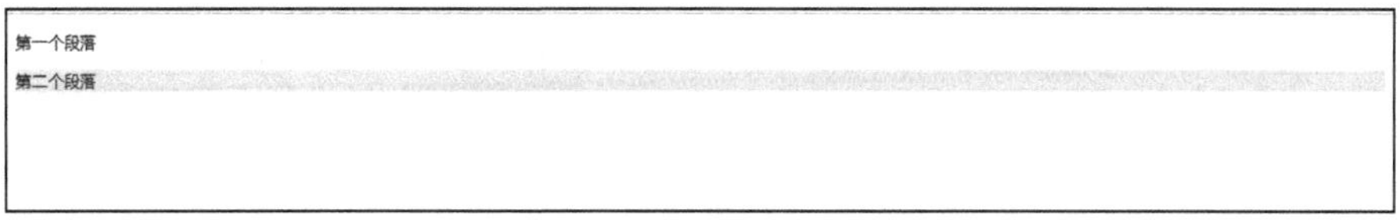

图 7-41　实例 7-23 运行结果

175

图 7-40   图 7-41

2. parents()方法

在 jQuery 中，parents()方法用于获取集合中每个匹配元素的祖先元素，可以提供一个可选的选择器作为参数。它一路向上直到文档的根元素（<html>元素）。

语法格式如下。

```
$(selector).parents(selector)
```

实例 7-24　返回<b>元素的所有祖先元素。

```
<!DOCTYPE html>
<html>
    <head>
        <meta charset="UTF-8">
        <script  src="../js/jquery-3.2.1.js"  type="text/javascript"
charset="utf-8"></script>
    </head>
    <body>
        <div>
            <p>
                <span>
                    <b>我的父元素：</b>
                </span>
            </p>
        </div>
        <script>
            var parentEls = $("b").parents().map(function() {
                return this.tagName;
            }).get().join(", ");
            $("b").append("<strong>" + parentEls + "</strong>");
        </script>
    </body>
</html>
```

实例运行结果如图 7-42 所示。

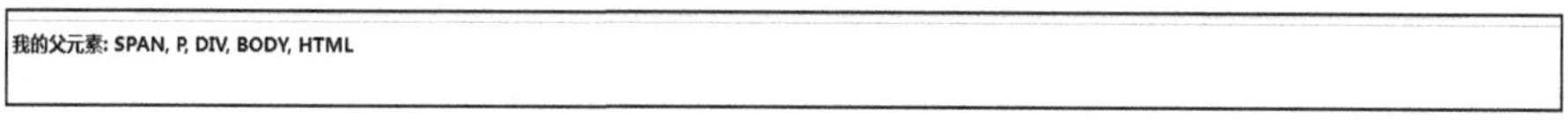

我的父元素: SPAN, P, DIV, BODY, HTML

图 7-42 实例 7-24 运行结果

注意：parents()和 parent()方法很相似，但后者只是进行了一个单级的 DOM 节点树查找（也就是只查找一层，即直接的父元素，而不是更上级的祖先元素）。此外，$("html").parent()方法返回一个包含 document 的集合，而$("html").parents()返回一个空集合。

3．find()方法

在 jQuery 中，find()方法用于返回被选元素的后代元素。该方法沿着 DOM 元素的后代向下遍历，直至最后一个后代的所有路径（<html>元素）。

如只需向下遍历 DOM 节点树中的单一层级（返回直接子元素），请使用 children()方法。

语法格式如下。

```
$(selector).find(filter)
```

注意：filter 参数在 find()方法中是必需的，这与其他树遍历方法不同。

提示：如需返回所有的后代元素，请使用通用选择器。

实例 7-25 只选取带有给定类名的后代。

```html
<!DOCTYPE html>
<html>
    <head>
        <meta charset="utf-8">
        <title></title>
        <style>
            .ancestors * {
                display: block;
                border: 2px solid lightgrey;
                color: lightgrey;
                padding: 5px;
                margin: 15px;
            }
        </style>
        <script src="../js/jquery-3.2.1.js" type="text/javascript"
charset="utf-8"></script>
        <script>
            $(document).ready(function() {
                $("div").find(".test").css({
```

```
                    "color": "red",
                    "border": "2px solid red"
                });
            });
        </script>
    </head>

    <body class="ancestors">
        <div style="width:500px;">div（祖先节点）
            <ul>ul（直接父节点）
                <li class="test">li（子节点 class="test"）
                    <span>span（孙节点)</span>
                </li>
                <li class="t">li（子节点 class="t"）
                    <span class="test">span（孙节点 class="test"）</span>
                </li>
            </ul>
        </div>
    </body>

</html>
```

实例运行结果如图 7-43 所示。

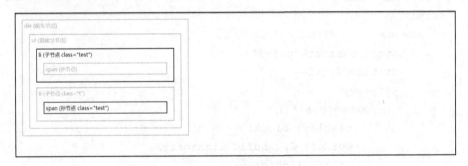

图 7-43　实例 7-25 运行结果

巩 固 练 习

1. 为表格设置选中行则添加样式，取消选中则恢复默认样式的效果。
2. 给位于嵌套列表第三个层次的所有<li>元素添加 test 类。
3. 使用 jQuery 完成二级菜单。

第 8 章　　jQuery 的事件处理与 DOM 编程

本章主要介绍如何使用 jQuery 的 DOM 操作方法完成元素的创建、插入、复制、替换、包裹和删除等操作。

8.1　jQuery 的事件处理

8.1.1　事件处理介绍

1. 事件的定义

页面对不同访问者的响应称为事件。

事件处理程序指 HTML 中发生某些事件时所调用的方法。

jQuery 是为事件处理特别设计的，jQuery 事件处理方法是 jQuery 的核心函数。

jQuery 提供了更加简洁的事件处理语法，而且极大地增强了事件处理机制。

2. jQuery 事件方法

事件方法会触发匹配元素的事件，或将函数绑定到所有匹配元素的某个事件。语法格式如下。

```
$(selector).eventName();
```

下一步是定义动作触发后做什么操作。这可以通过一个事件函数实现。

```
$(selector).eventName(function(){
.../// 动作触发后执行的代码写在这里
});
```

表 8-1 列出了 jQuery1.9+版本推荐的处理事件的 jQuery 方法。

表 8-1　JQuery 方法

方法	描述	定义
blur()	添加（触发）失去焦点事件	当元素失去焦点时发生 blur 事件
change()	添加（触发）change 事件	当元素的值改变时发生 change 事件（仅适用于表单字段）

续表

方法	描述	定义
click()	添加（触发）click 事件	当单击元素时，发生 click 事件
dblclick()	添加（触发）doubleclick 事件	当双击元素时，发生 click 事件
focus()	添加（触发）focus 事件	当元素获得焦点时（当通过鼠标单击选中元素或通过 Tab 键定位到元素时），发生 focus 事件
focusin()	添加事件处理程序到 focusin 事件	当元素（或在其内的任意元素）获得焦点时发生 focusin 事件
focusout()	添加事件处理程序到 focusout 事件	当元素（或在其内的任意元素）失去焦点时发生 focusout 事件
hover()	添加两个事件处理程序到 hover 事件	hover()方法规定当鼠标指针悬停在被选元素上时要运行的两个函数
keydown()	添加（触发）keydown 事件	键盘键被按下的过程中发生 keydown 事件
keypress()	添加（触发）keypress 事件	当键盘键被按下时发生 keypress 事件
keyup()	添加（触发）keyup 事件	当键盘键被释放时发生 keyup 事件
mousedown()	添加（触发）mousedown 事件	当鼠标指针移动到元素上方，并按下鼠标左键时，会发生 mousedown 事件
mouseenter()	添加（触发）mouseenter 事件	当鼠标指针穿过（进入）被选元素时，会发生 mouseenter 事件
mouseleave()	添加（触发）mouseleave 事件	当鼠标指针离开被选元素时，会发生 mouseleave 事件
mousemove()	添加（触发）mousemove 事件	当鼠标指针在指定的元素中移动时，会发生 mousemove 事件
mouseout()	添加（触发）mouseout 事件	当鼠标指针离开被选元素时，会发生 mouseout 事件
mouseover()	添加（触发）mouseover 事件	当鼠标指针位于元素上方时，会发生 mouseover 事件
mouseup()	添加（触发）mouseup 事件	当鼠标指针移动到元素上方，并释放鼠标左键时，会发生 mouseup 事件
off()	移除通过 on()方法添加的事件处理程序	用来移除事件处理程序的函数。它可以用于解绑一个或多个事件处理程序，这些事件处理程序可以是通过 on()方法绑定的
on()	向元素添加事件处理程序	用来绑定事件处理程序的函数。它允许在一个或多个指定的事件类型发生时，为一个或多个元素附加一个或多个事件处理函数
one()	向被选元素添加一个或多个事件处理程序。该处理程序只能被每个元素触发一次	用于绑定事件处理程序的函数。与 on()不同的是，one()只会在匹配的元素上触发一次事件处理程序
$.proxy()	接受一个已有的函数，并返回一个带特定上下文的新的函数	用于修改函数的上下文（也称为执行上下文）。它返回一个新的函数，这个新函数将原始函数绑定到指定的上下文对象上
ready()	规定当 DOM 完全加载时要执行的函数	用来指定当文档加载完成后执行的函数的方法。它通常用于确保文档中的 DOM 元素已经加载完毕，可以被访问和操作
resize()	添加（触发）resize 事件	当调整浏览器窗口大小时，会发生 resize 事件

续表

方法	描述	定义
scroll()	添加（触发）scroll 事件	当用户滚动指定的元素时，会发生 scroll 事件
select()	添加（触发）select 事件	当 textarea 或文本类型的 input 元素中的文本被选择（标记）时，会发生 select 事件
submit()	添加（触发）submit 事件	当提交表单时，会发生 submit 事件。该事件只适用于\<form\>元素
trigger()	触发绑定到被选元素的所有事件	用于手动触发指定事件类型的方法。它允许模拟用户交互或触发自定义事件
triggerHandler()	触发绑定到被选元素的指定事件上的所有函数	用于手动触发指定事件类型的方法。与 trigger()方法不同，它只会触发匹配元素集合中的第一个元素上绑定的事件处理程序，而不会触发所有匹配元素上的事件处理程序
contextmenu()	添加事件处理程序到 contextmenu 事件	当用户在元素上右击时触发。通常用于实现自定义的快捷菜单
$.holdReady()	用于暂停或恢复 ready 事件的执行	是 jQuery 中的一个方法，它允许延迟 jQuery 文档就绪事件的触发。当页面加载完成时，jQuery 通常会立即触发$(document).ready()事件，表示文档已经准备好了，可以进行操作。但是有时用户希望在特定条件下延迟触发这个事件，这时就可以使用$.holdReady()

表 8-2 列出了事件对象 Event 的常用属性。

表 8-2　事件对象 Event 的常用属性

属性	描述
event.currentTarget	在事件冒泡阶段内的当前 DOM 元素
event.data	包含当前执行的处理程序被绑定时传递到事件方法的可选数据
event.delegateTarget	返回当前调用的 jQuery 事件处理程序所添加的元素
event.isDefaultPrevented	返回指定的 Event 对象上是否调用了 event.preventDefault()
event.isImmediatePropagationStopped	返回指定的 Event 对象上是否调用了 event.stopImmediatePropagation()
event.isPropagationStopped	返回指定的 Event 对象上是否调用了 event.stopPropagation()
event.namespace	返回当事件被触发时指定的命名空间
event.pageX	返回相对于文档左边缘的鼠标位置
event.pageY	返回相对于文档上边缘的鼠标位置
event.preventDefault	阻止事件的默认行为
event.relatedTarget	返回当鼠标移动时哪个元素进入或退出
event.result	包含由被指定事件触发的事件处理程序返回的最后一个值
event.stopImmediatePropagation	阻止其他事件处理程序被调用
event.stopPropagation	阻止事件向上冒泡到 DOM 节点树，阻止任何父处理程序被事件通知
event.target	返回哪个 DOM 元素触发事件
event.timeStamp	返回从 1970 年 1 月 1 日到事件被触发时的毫秒数

续表

属性	描述
event.type	返回哪种事件类型被触发
event.which	返回指定事件上哪个键盘键或鼠标按键被按下
event.metaKey	返回事件触发时 META 键是否被按下

8.1.2 页面载入事件

当 DOM（文档对象模型）已经加载，并且页面（包括图像）已经完全呈现时，会发生 ready 事件。

由于该事件在文档就绪后发生，因此把所有其他的 jQuery 事件和函数置于该事件中是非常好的做法。

ready()方法规定当 ready 事件发生时执行的代码。

ready()方法仅能用于当前文档，因此无须选择器。

语法格式如下。

完整写法：

```
$(document).ready(function(){ ...some code... })
```

简写写法：

```
$(function(){..some code....})
```

页面载入事件参数如表 8-3 所示。

表 8-3　页面载入事件参数

参数	描述
function	必需。规定文档加载后要运行的函数

实例 8-1　在文档加载后对按钮绑定 click 事件。

```
<head>
<script src="../js/jquery-3.2.1.js" type="text/javascript" charset=
"UTF-8"></script>
        <script type="text/javascript">
            $(document).ready(function() {
                $("#btn1").click(function() {
                    $("p").slideToggle();
                });
            });
        </script>
    </head>
```

```
<body>
    <p>这是一个段落。</p>
    <button id="btn1">滑动效果切换隐藏和显示</button>
</body>
```

也可以将代码简化如下。

```
<head>
<script src="../js/jquery-3.2.1.js" type="text/javascript"
charset="utf-8"></script>
    <script type="text/javascript">
        $(function(){

            $("#btn1").click(function() {
                $("p").slideToggle();
            });
        })
    </script>
</head>

<body>
    <p>这是一个段落。</p>
    <button id="btn1">滑动效果切换隐藏和显示</button>
</body>
```

实例运行结果：单击按钮可以切换段落标签<P>实现隐藏和显示效果，如图 8-1 所示。

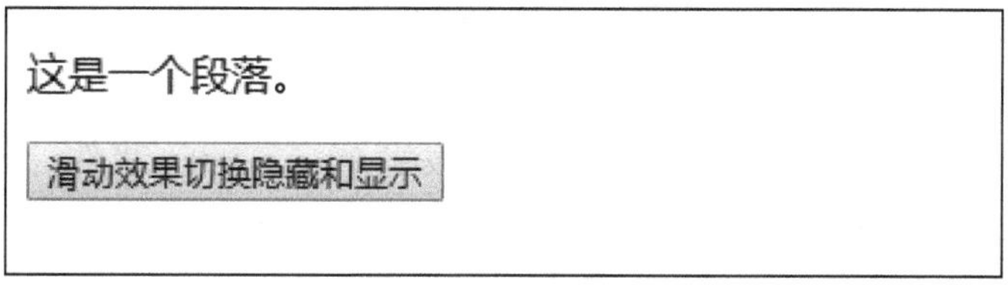

图 8-1　实例 8-1 运行结果

8.1.3　事件绑定

jQuery 事件有简单事件绑定、利用 bind()方法绑定、利用 delegate()方法绑定、利用 on()方法绑定等多种方法，但是 jQuery1.7 版本后，不推荐使用 bind()方法和 delegate()方法，而是用 on()方法统一所有的事件处理的方法。

1. 简单事件绑定

语法格式如下。

```
$（selector）.事件方法名(function(){
...// 处理代码
})
```

（1）click()方法

当单击元素时，发生 click 事件。

实例 8-2　为按钮绑定鼠标单击（click）事件，事件触发后弹出一个提示框。

```
<script type="text/javascript">
    $(function(){
        $("button").click(function() {
            alert("单击事件");
        });
    })
</script>

<body>
    <button>绑定事件</button>
</body>
```

实例运行结果如图 8-2 所示。

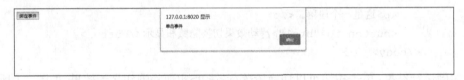

图 8-2　实例 8-2 运行结果

（2）mouseenter()方法

当鼠标指针穿过（进入）被选元素时，会发生 mouseenter 事件。mouseenter()方法触发 mouseenter 事件，或添加当发生 mouseenter 事件时运行的函数。

提示：该事件通常与 mouseleave 事件一起使用。

注意：与 mouseover 事件不同，mouseenter 事件只有在鼠标指针进入被选元素时才被触发，而 mouseover 事件在鼠标指针进入任意子元素时都会被触发。

实例 8-3　为<div>元素绑定鼠标移入（mouseenter）事件，事件触发后弹出一个提示框。

```
<script type="text/javascript">
    $(function(){
        $("div").mouseenter(function() {
            alert("鼠标移入");
        });
```

```
    })
</script>

<body>
    <div  style="background-color: gainsboro;">绑定鼠标移入事件</div>
</body>
```

实例运行结果如图 8-3 所示。

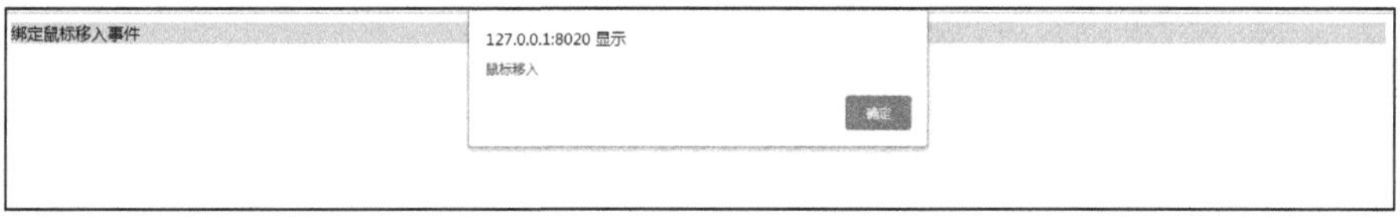

图 8-3　实例 8-3 运行结果

2. 使用 on()方法绑定

on()方法在被选元素及子元素上添加一个或多个事件处理程序。

自 jQuery1.7 版本起，on()方法成为 bind()、live()和 delegate()方法的替代品。该方法给 API 带来了很多便利，简化了 jQuery 代码库，推荐使用该方法。

注意：使用 on()方法添加的事件处理程序适用于当前及未来的元素（如由脚本创建的新元素）。如需移除事件处理程序，可使用 off()方法。如需添加只运行一次的事件然后移除，可使用 one()方法。

语法格式如下。

```
$(selector).on(event,childSelector,data,function)
```

on()方法的参数如表 8-4 所示。

表 8-4　on()方法的参数

参数	描述
event	必需。规定要从被选元素移除的一个或多个事件或命名空间。 由空格分隔多个事件值，也可以是数组。必须是有效的事件
childSelector	可选。规定只能添加到指定的子元素上的事件处理程序（且不是选择器本身，如已废弃的 delegate()方法）
data	可选。规定传递到函数的额外数据
function	可选。规定当事件发生时运行的函数

实例 8-4　向<p>元素添加 click 事件处理程序。

```
<!DOCTYPE html>
<html>
```

```
<head>
    <script>
    $(document).ready(function(){
      $("p").on("click",function(){
        alert("段落被单击了。");
      });
    });
    </script>
</head>
<body>

<p>单击这个段落。</p>

</body>
</html>
```

实例运行结果如图 8-4 所示。

图 8-4　实例 8-4 运行结果

实例 8-5　添加多个事件处理程序。

```
<script type="text/javascript">
    $(function() {

        // 绑定多个事件鼠标移入和鼠标移出切换样式
        $("p").on("mouseover mouseout", function() {
            $("p").toggleClass("test");
        });
    })
</script>
<style type="text/css">
    .test {
        font-size: 150%;
        color: red;
    }
</style>

<body>
    <p>将鼠标移入，移出该段落</p>
</body>
```

运行实例，页面初始效果如图 8-5 所示。

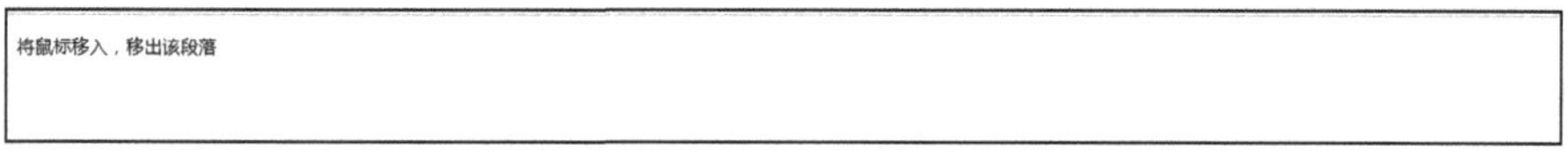

将鼠标移入，移出该段落

图 8-5　实例 8-5 运行结果 1

鼠标移入后的页面效果如图 8-6 所示。

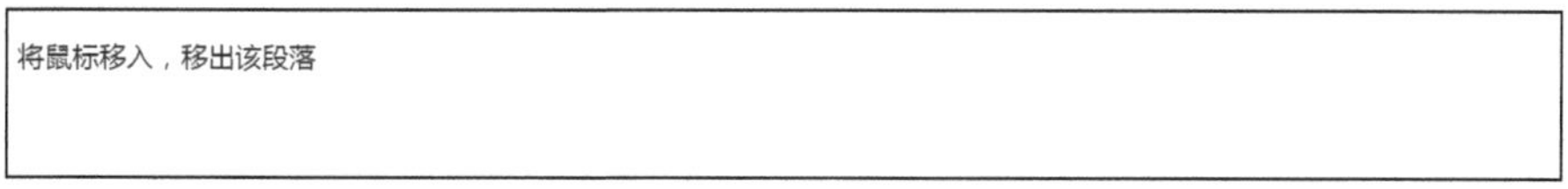

将鼠标移入，移出该段落

图 8-6　实例 8-5 运行结果 2

图 8-5

图 8-6

总结：on()方法和 click()方法的区别。

二者在绑定静态控件时没有区别，但是如果面对动态产生的控件，只有 on()方法能成功地绑定到动态控件中。

8.1.4　事件移除

off()方法通常用于移除通过 on()方法添加的事件处理程序。

自 jQuery1.7 版本起，off()方法成为 unbind()、die()和 undelegate()方法的替代品。该方法给 API 带来了很多便利，简化了 jQuery 代码库，推荐使用该方法。

注意：如需移除指定的事件处理程序，当事件处理程序被添加时，选择器字符串必须匹配 on()方法传递的参数。

提示：如需添加只运行一次的事件然后将其移除，可使用 one()方法。

语法格式如下。

```
$(selector).off(event,selector,function(eventObj),map)
```

示例代码如下。

```
// 解绑匹配元素的所有事件
$(selector).off();
// 解绑匹配元素的所有 click 事件
$(selector).off("click");
```

```
// 解绑所有代理的 click 事件，元素本身的事件不会被解绑
$(selector).off( "click", "**" );
```

实例 8-6 移除使用 on()方法绑定的事件。

```
<!DOCTYPE html>
<html>

    <head>
        <meta charset="UTF-8">
        <title>事件移除</title>
    </head>
    <script src="../js/jquery-3.2.1.js" type="text/javascript" charset=
"utf-8"></script>
    <script>
        $(document).ready(function() {
            $("p").on("click", function() {
                $(this).css("background-color", "pink");
            });
            $("button").click(function() {
                $("p").off("click");
            });
        });
    </script>

    <body>
        <p>步骤 1：单击这个段落修改它的背景颜色。</p>
        <p>步骤 3：再单击这个段落(click 事件已被移除，没有事件效果)。</p>

        <button>步骤 2：单击按钮移除段落标签的click 事件</button>
    </body>

</html>
```

实例运行结果如图 8-7 所示。

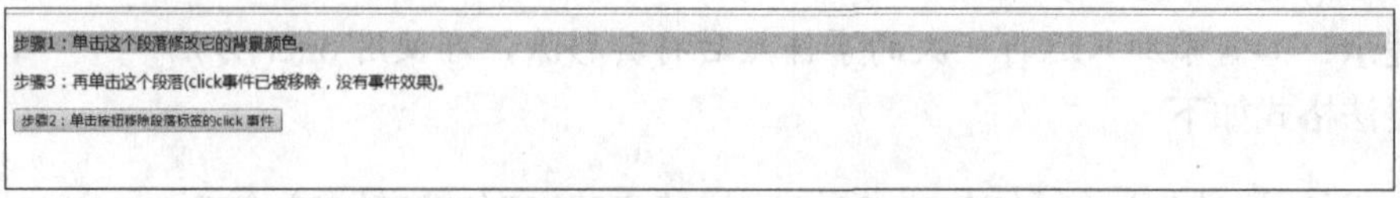

图 8-7

步骤1：单击这个段落修改它的背景颜色。

步骤3：再单击这个段落(click事件已被移除，没有事件效果)。

步骤2：单击按钮移除段落标签的click 事件

图 8-7 实例 8-6 运行结果

8.1.5 事件冒泡

在为一个元素添加事件时，经常会出现的一个问题就是事件冒泡。例如，在\<div>元素中嵌套了一个\<span>元素，为二者都添加了 click 事件，如果单击\<span>元素会导

致<span>和<div>元素相继触发监听事件（顺序是从内到外）。

实例 8-7　事件冒泡演示。

```
<!DOCTYPE html>

<html>
    <head>
        <meta charset="utf-8" />
        <title>事件冒泡演示</title>
        <meta name="author" content="Administrator" />
        <script src="../js/jquery-3.2.1.js" type="text/javascript" charset=
"utf-8"></script>
        <style type="text/css">
            #content {
                border: 1px black solid;
            }
            #msg {
                background-color: #FF0000;
            }
        </style>

    </head>
    <body>
        <div id="content">
            <p>内层 p 元素</p>
            <span>内层 span 元素</span>
            <p>内层 p 元素</p>
        </div>
        <div id="msg"></div>
        <script type="text/javascript">
            $(function() {
                //为<span>元素添加事件
                $("#content span").on("click", function() {
                    var text = $("#msg").html()+"<p>内层 span 元素被单击! </p>";
                    $("#msg").html(text);
                });
                //为<div>元素添加事件
                $("#content").on("click", function() {
                    var text = $("#msg").html()+"<p>外层 div 元素被单击!</p>";
                    $("#msg").html(text);
                });
                //为<body>元素添加事件
                $("body").on("click", function() {
                    var text = $("#msg").html()+"<p>body 元素被单击!</p>";
```

```
                    $("#msg").html(text);
              });
        });
      </script>
    </body>
  </html>
```

实例运行结果如图 8-8 所示。

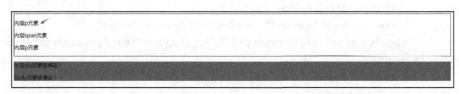

图 8-8　实例 8-7 运行结果 1

如果单击<p>元素，发现会触发其父级元素<div>和<body>元素的事件，如图 8-9 所示。

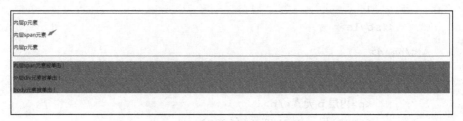

图 8-9　实例 8-7 运行结果 2

图 8-8　　　　　图 8-9

当单击<span>元素时，发现除了触发<span>元素本身绑定的事件以外，还会触发其父级元素的事件。

jQuery 提供了两种方法来阻止事件冒泡。

方法一：event.stopPropagation()。

```
$("#div1").mousedown(function(event){
    event.stopPropagation();
});
```

方法二：return false。

```
$("#div1").mousedown(function(event){
    return false;
});
```

以上两种方法都能阻止事件冒泡的发生，但是也有本质区别。

1）event.stopPropagation()只阻止事件往上冒泡，不阻止事件本身。

2）return false 不仅阻止了事件往上（父级元素）冒泡，而且阻止了事件本身。

为了更好地解决这个问题，为事件中的 function()传入一个参数 event，并且调用 stopPropagation()方法。修改实例 8-7 代码如下。

```
<!DOCTYPE html>
<html>
    <head>
        <meta charset="utf-8" />
        <title>事件冒泡演示</title>
        <meta name="author" content="Administrator" />
        <script    src="../js/jquery-3.2.1.js"    type="text/javascript"
charset="utf-8"></script>
        <style type="text/css">
            #content {
                border: 1px black solid;
            }
            #msg {
                background-color: #FF0000;
            }
        </style>

    </head>
    <body>
        <div id="content">
            <p>内层 p 元素</p>
            <span>内层 span 元素</span>
            <p>内层 p 元素</p>
        </div>
        <div id="msg"></div>
        <script type="text/javascript">
            $(function() {
                //为<span>元素添加事件
                $("#content span").on("click", function(event) {
                    var text = $("#msg").html()+"<p>内层 span 元素被单击!</p>";
                    $("#msg").html(text);
                    event.stopPropagation(); // 阻止事件冒泡
                });
```

```
        //为<div>元素添加事件
        $("#content").on("click", function(event) {
            var text = $("#msg").html()+"<p>外层 div 元素被单击!</p>";
            $("#msg").html(text);
            event.stopPropagation();// 阻止事件冒泡
        });
        //为<body>元素添加事件
        $("body").on("click", function(event) {
            var text = $("#msg").html()+"<p>body 元素被单击!</p>";
            $("#msg").html(text);
            event.stopPropagation();// 阻止事件冒泡
        });
    });
    </script>
</body>
</html>
```

实例运行结果如图 8-10 所示。

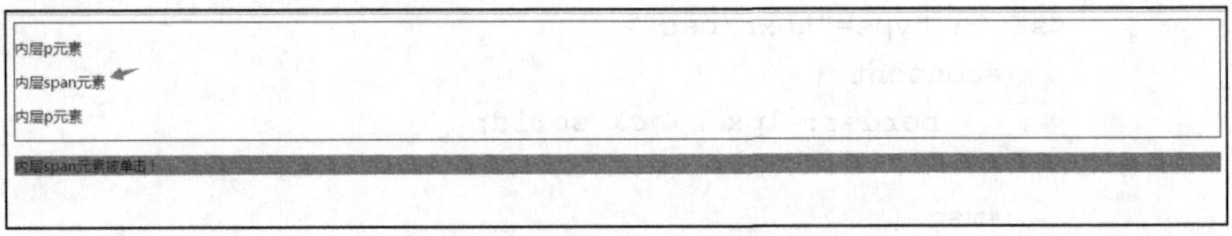

图 8-10

图 8-10　实例 8-7 运行结果 3

此时单击<span>元素，就不会触发其父级元素的事件了，也就是阻止了事件的冒泡。

8.1.6　模拟事件触发操作

trigger()方法触发被选元素上指定的事件，以及事件的默认行为（如表单提交）。
语法格式如下。

```
$(selector).trigger(event,eventObj,param1,param2,...)
```

模拟事件触发器的参数如表 8-5 所示。

表 8-5　模拟事件触发器的参数

参数	描述
event	必需。规定指定元素上要触发的事件。 可以是自定义事件，或者任何标准事件
param1,param2,...	可选。传递到事件处理程序的额外参数。 额外的参数对自定义事件特别有用

实例 8-8　触发<input>元素的 select 事件。

```html
<!DOCTYPE html>
<html>

    <head>
        <meta charset="UTF-8">
        <title></title>
        <script src="../js/jquery-3.2.1.js" type="text/javascript"
charset="utf-8"></script>
        <script>
            $(document).ready(function() {
                $("input").select(function(event) {
                    event.preventDefault();
                    $(this).after("input 文本被选中")
                });
                $("button").click(function() {
                    $("input").trigger("select");
                });
            });
        </script>
    </head>

    <body>
        <input type="text" value="Hello World">
        <hr />
        <button>触发输入框的 select 事件</button>
    </body>
</html>
```

实例运行结果如图 8-11 所示。

图 8-11　实例 8-8 运行结果

8.1.7　合成事件

hover()方法规定当鼠标指针悬停在被选元素上时要运行的两个函数。

该方法触发 mouseenter 和 mouseleave 事件。

语法格式如下。

```
$(selector).hover(inFunction,outFunction)
```

调用方式：

```
$(selector).hover(handlerIn, handlerOut)
```

等价于

```
$(selector).mouseover(handlerIn).mouseout(handlerOut);
```

注意：如果只规定了一个函数，则它将会在 mouseover 和 mouseout 事件上运行。合成事件的参数如表 8-6 所示。

表 8-6　合成事件的参数

参数	描述
inFunction	必需。规定 mouseover 事件发生时运行的函数
outFunction	可选。规定 mouseout 事件发生时运行的函数

实例 8-9　当鼠标指针悬停在上面时，改变<div>元素的背景颜色。

```
<!DOCTYPE html>
<html>

    <head>
        <meta charset="UTF-8">
        <title>合成事件</title>
        <script  src="../js/jquery-3.2.1.js"  type="text/javascript"
charset="utf-8"></script>
        <script>
            $(document).ready(function() {
                $("div").hover(function() {
                    $(this).css("background-color", "yellow");
                }, function() {
                    $(this).css("background-color", "gray");
                });
            });
        </script>
    </head>

    <body>

        <div>鼠标移动到该 DIV。</div>

    </body>

</html>
```

运行实例，页面初始效果如图 8-12 所示。鼠标移入时的页面效果如图 8-13 所示。

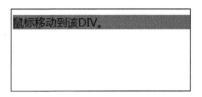

图 8-12　实例 8-9 运行结果 1　　　　　　图 8-13　实例 8-9 运行结果 2

鼠标移出时的页面效果如图 8-14 所示。

图 8-14　实例 8-9 运行结果 3

8.2　DOM 编程

8.2.1　DOM 树结构

当网页被加载时，浏览器会创建页面的文档对象模型（DOM），如图 8-15 所示。

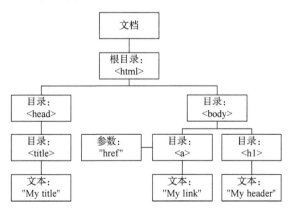

图 8-15　DOM 树结构

jQuery 获得了足够的能力来创建动态的 HTML 并对其操作。

通过 $() 函数可以访问文档中的元素，并返回一个 jQuery 对象，并且通过一系列方法，还可以修改元素的样式和内容，实际上，还可以通过该函数做更多的事情，如通过添加、删除、复制等操作来改变 DOM 树结构。

8.2.2　创建元素

可以通过$()方法直接创建元素。例如：

```
$('<span>new span</span>');
```

但这仅仅创建了元素，还没有插入到页面，接下来介绍插入元素的方法。

8.2.3　插入元素

jQuery 提供了以下 4 种方法来插入新元素。

1）append()：在被选元素的末尾插入内容。

2）prepend()：在被选元素的开头插入内容。

3）after()：在被选元素之后插入内容。

4）before()：在被选元素之前插入内容。

实例 8-10　插入新元素。

```
<!DOCTYPE html>
<html>

    <head>
        <meta charset="UTF-8">
        <title></title>
        <script  src="../js/jquery-3.2.1.js"  type="text/javascript"
charset="utf-8"></script>
        <script>
            $(document).ready(function() {

                $("button").eq(0).click(function() {
                    $("ol").prepend("<li>追加列表项 0</li>");
                });
                $("button").eq(1).click(function() {
                    $("ol").append("<li>追加列表项 4</li>");
                });
                $("button").eq(2).click(function() {
                    $("ol").before("<h1>新增的标题</h1>");
                });
                $("button").eq(3).click(function() {
                    $("ol").after("<p>新增的段落</p>");
                });
            });

        </script>
```

```
    </head>
    <body>
        <ol>
            <li>列表项 1</li>
            <li>列表项 2</li>
            <li>列表项 3</li>
        </ol>
        <button>在被选元素的末尾插入内容  添加列表项</button>
        <button>在被选元素的开头插入内容  添加列表项</button>
        <button>在被选元素之前插入内容  添加标题标签 H1</button>
        <button>在被选元素之后插入内容  添加段落标签 P</button>
    </body>
</html>
```

实例运行结果如图 8-16 所示。

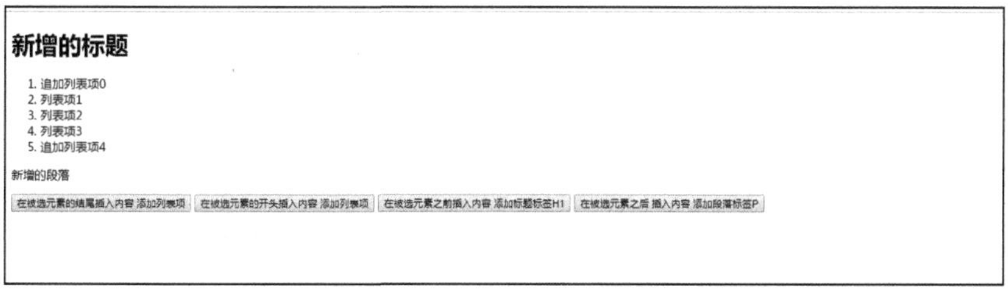

图 8-16　实例 8-10 运行结果

8.2.4　复制元素

　　jQuery 提供了复制元素方法 clone()，用于创建一个匹配的元素集合的深度副本。需要注意，复制元素时，默认情况下绑定在该元素及其后代元素的事件不会被复制，但是可以将其设置为同时复制。例如：

```
<span>clone</span>
<div></div>
```

为<span>元素绑定 click 事件。

```
$('span').click(function() {
  alert('hello world');
});
```

复制<span>元素并添加到<div>元素内部。

```
$('span').clone().appendTo('div');
```

此时单击新建的\<span>元素并不能触发 alert 事件，因为 clone()方法默认不复制绑定的事件，为了达到复制事件的效果，可将参数设置为 true。

```
$('span').clone(true).appendTo('div');
```

此时，单击新建的\<span>元素会触发 alert 事件。

实例 8-11 复制元素。

```html
<!DOCTYPE html>
<html>
    <head>
        <meta charset="UTF-8">
        <title>复制元素</title>
        <script  src="../js/jquery-3.2.1.js"  type="text/javascript"
charset="utf-8"></script>
        <script type="text/javascript">
            $(function() {

                // 为<span>元素绑定 click 事件
                $('span').click(function() {
                    alert('hello world');
                });
                // 复制<span>元素并添加到<div>元素内部：事件不复制
                $("button").eq(0).click(function() {
                    $('span').clone().appendTo('div');
                });
                // 复制<span>元素并添加到<div>元素内部：事件同时复制
                $("button").eq(1).click(function() {
                    $('span').clone(true).appendTo('div');
                });
            })
        </script>
    </head>

    <body>
        <span>clone</span>
        <div></div>
        <button>复制元素 事件未复制</button>
        <button>复制元素 事件同时复制</button>
    </body>
</html>
```

实例运行结果如图 8-17 所示。

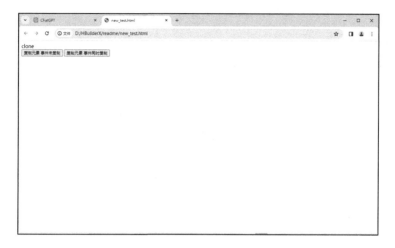

图 8-17 实例 8-11 运行结果

8.2.5 替换元素

jQuery 提供了两种替换元素的方法。

1）replaceWith()：用提供的内容替换集合中所有匹配的元素并返回被删除元素的集合。

2）replaceAll()：用集合的匹配元素替换每个目标元素。

1. replaceWith()

语法格式如下。

```
$(selector).replaceWith(content,function(index))
```

实例 8-12 使用 replaceWith()方法替换元素。

```html
<head>
    <script>
            $(document).ready(function() {
                $("button").click(function() {
                    $("p:first").replaceWith("Hello world!");
                });
            });
    </script>
</head>
    <body>
     <p>这是一个段落。</p>
    <p>这是另一个段落。</p>
```

```
<button>使用新文本替换第一个 P 元素</button>
```

```
</body>
```

运行实例，页面初始效果如图 8-18 所示。

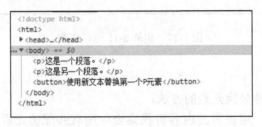

图 8-18　实例 8-12 运行结果 1

查看页面元素，如图 8-19 所示。

```
<!doctype html>
<html>
▶ <head>...</head>
...▼ <body> == $0
      <p>这是一个段落。</p>
      <p>这是另一个段落。</p>
      <button>使用新文本替换第一个P元素</button>
  </body>
</html>
```

图 8-19　实例 8-12 运行结果 2

单击按钮，触发事件后的页面效果如图 8-20 所示。

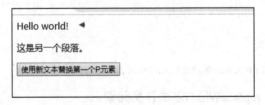

图 8-20　实例 8-12 运行结果 3

查看页面元素，如图 8-21 所示。

```
☞ ❏    Elements    Console    Sources    Network    Performance
<!doctype html>
<html>
▶ <head>...</head>
...▼ <body> == $0
      "Hello world!"
      <p>这是另一个段落。</p>
      <button>使用新文本替换第一个P元素</button>
  </body>
</html>
```

图 8-21　实例 8-12 运行结果 4

2. replaceAll()

语法格式如下。

```
$(content).replaceAll(selector)
```

实例 8-13 使用 replaceAll()方法替换所有满足条件的元素。

```html
<!DOCTYPE html>
<html>

    <head>
        <meta charset="UTF-8">
        <title></title>
        <script  src="../js/jquery-3.2.1.js"  type="text/javascript"
charset="utf-8"></script>
        <script>
            $(document).ready(function() {
                $("button").click(function() {
                    $("<span><b>Hello
world!</b></span>").replaceAll("p:last");
                });

            });
        </script>
    </head>

    <body>
        <p>这是一个段落。</p>
        <p>这是另一个段落。</p>
        <button>使用 span 标签替换最后一个 P 元素</button>
    </body>

</html>
```

运行实例，页面初始效果如图 8-22 所示。

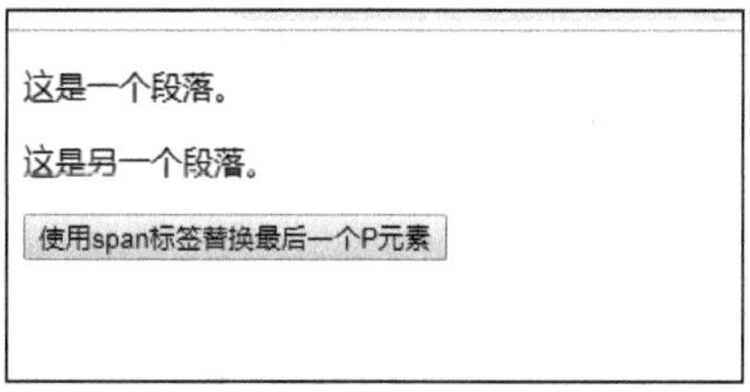

图 8-22 实例 8-13 运行结果 1

查看页面元素，如图 8-23 所示。

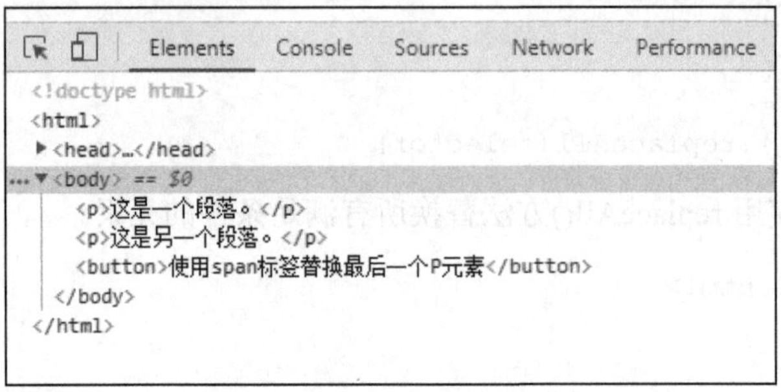

图 8-23　实例 8-13 运行结果 2

单击按钮，触发替换事件效果如图 8-24 所示。

图 8-24　实例 8-13 运行结果 3

8.2.6　包裹元素

jQuery 提供了两种包裹元素的方法。

1）wrap()：在集合中匹配的每个元素周围包裹一个 HTML 结构。

2）wrapAll()：在集合中所有匹配元素的外面包裹一个 HTML 结构。

假设有两个<span>元素，如下所示。

```
<span>A</span>
<span>B</span>
```

如果希望给每个<span>元素都包裹一个<li>元素，从而实现列表化，可以使用 wrap()
方法。

```
$('span').wrap('<li></li>');
```

如果希望用一个<ul>元素包裹所有<span>元素，可以使用 wrapAll()方法。

```
$('span').wrapAll('<ul></ul>').wrap('<li></li>');
```

实例 8-14　包裹元素。

```
<!DOCTYPE html>
<html>
    <head>
        <meta charset="UTF-8">
        <title>包裹元素</title>
        <script  src="../js/jquery-3.2.1.js"  type="text/javascript"
charset="utf-8"></script>
    </head>
    <script type="text/javascript">
        $(function() {
            $("button").eq(0).click(function() {
                $("span").wrap("<li></li>");
            });
            $("button").eq(1).click(function() {
                $('span').wrapAll('<ul></ul>').wrap('<li></li>');
            });
        })
    </script>

    <body>
        <span>A</span>
        <span>B</span>
        <hr />
        <button>包裹元素 1 :每个 span 都包裹一个 li</button>
        <button>包裹元素 2 :用一个 ul 包裹所有 span 元素</button>
    </body>

</html>
```

运行实例，页面初始效果如图 8-25 所示。

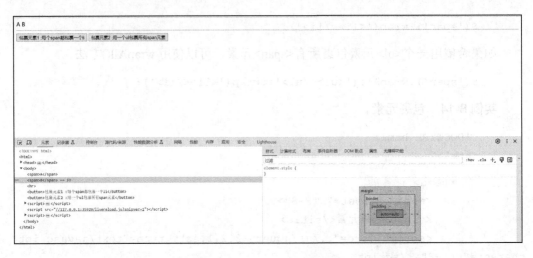

图 8-25 实例 8-14 运行结果 1

单击第一个按钮，<span>被包裹在了<li>中，如图 8-26 所示。

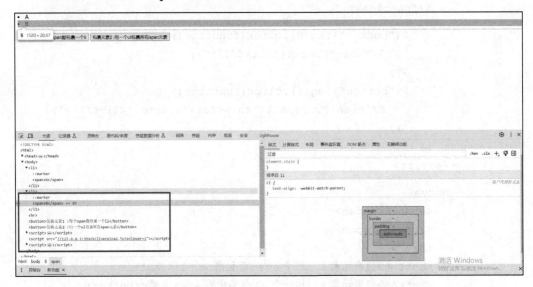

图 8-26 实例 8-14 运行结果 2

单击第二个按钮，<span>被包裹在<ul>中，如图 8-27 所示。

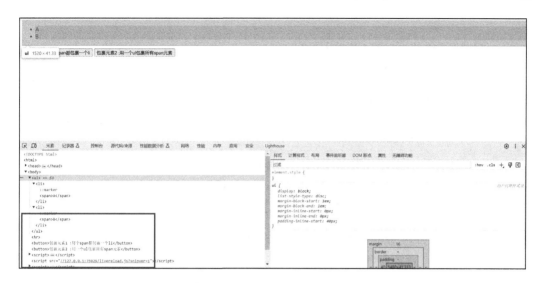

图 8-27　实例 8-14 运行结果 3

8.2.7　删除元素

jQuery 提供了两种删除元素的方法。

1）remove()：删除被选元素（及其子元素）。

2）empty()：从被选元素中删除子元素。

假设有一个<div>元素内嵌一个列表元素<ul>，如下所示。

```
<div id="box" style="border: 1px red solid;width: 200px; height: 200px;">
        父元素 DIV
    <ul>
        <li>列表 1</li>
        <li>列表 2</li>
        <li>列表 3</li>
    </ul>
</div>
```

如果希望删除整个<div>元素，此时可以使用 remove()方法。

```
$('#box').remove();
```

如果希望清空<div>元素内嵌的子元素，那么可以使用 empty()方法。

```
$('#box').empty();
```

实例 8-15　删除元素。

```
<!DOCTYPE html>
<html>
```

```
    <head>
        <meta charset="UTF-8">
        <title>删除</title>
        <script  src="../js/jquery-3.2.1.js"  type="text/javascript"
charset="utf-8"></script>
        <script type="text/javascript">
            $(function() {

                // 删除被选元素（及其子元素）
                $("button").eq(0).click(function() {
                    $('#box').remove();
                });
                // 从被选元素中删除子元素
                $("button").eq(1).click(function() {
                    $('#box').empty();
                });
            })
        </script>
    </head>
    <body>
        <h1>删除元素</h1>
        <div id="box" style="border: 1px red solid;width: 200px; height:
200px;">
            父元素 DIV
            <ul>
                <li>列表 1</li>
                <li>列表 2</li>
                <li>列表 3</li>
            </ul>
        </div>
        <button>删除被选元素（及其子元素）</button>
        <button>从被选元素中删除子元素</button>
    </body>
</html>
```

运行实例，页面初始效果如图 8-28 所示。

图 8-28　实例 8-15 运行结果 1

单击"删除被选元素（及其子元素）"按钮，效果如图 8-29 所示。

图 8-29　实例 8-15 运行结果 2

单击"从被选元素中删除子元素"按钮，效果如图 8-30 所示。

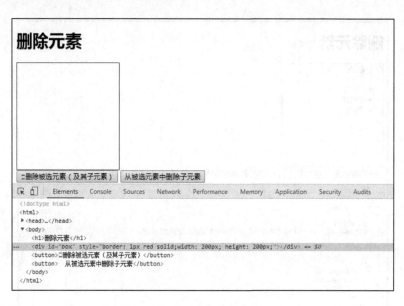

图 8-30　实例 8-15 运行结果 3

巩 固 练 习

1．图片提示框效果——实现 5 张图片，鼠标移入具体一张图片后在页面中动态生成一个层显示该图片的大图效果。

2．模拟京东首页地区选择效果，鼠标移入展开地区列表，选中对应城市将城市显示在控件上，当鼠标移开则隐藏地区列表。

3．模拟商品加入购物车效果，如图 8-31 所示。

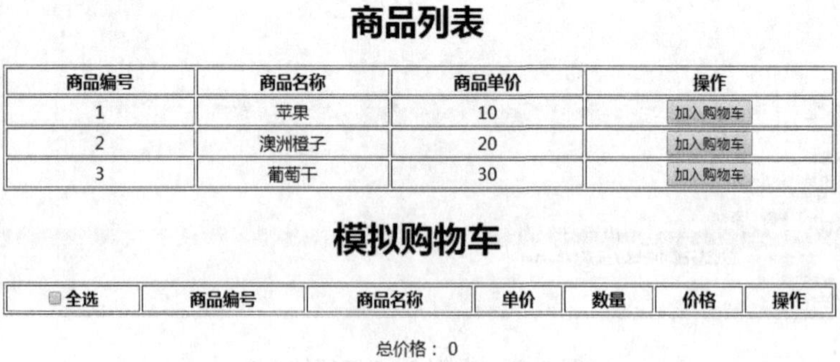

商品列表

商品编号	商品名称	商品单价	操作
1	苹果	10	加入购物车
2	澳洲橙子	20	加入购物车
3	葡萄干	30	加入购物车

模拟购物车

☐ 全选	商品编号	商品名称	单价	数量	价格	操作

总价格：0

图 8-31　模拟商品加入购物车

第9章 jQuery 的动画效果

本章主要介绍 jQuery 强大的效果，除了系统默认提供的显示、隐藏、淡入、淡出、滑动等效果，jQuery 还支持自定义动画效果。本章旨在让读者学会怎样单独控制每个动画属性的加速和减速，以及如何停止动画效果和延迟动画效果。

9.1 显示与隐藏效果

9.1.1 显示元素

在 jQuery 中，show()方法用于显示元素。

语法格式如下。

```
$(selector).show(speed,callback);
```

各参数说明如下。

speed：可选。规定显示的速度，可以取"slow"、"fast" 或毫秒。

callback：可选。显示完成后所执行的函数名称。

实例 9-1　显示<div>元素。

```
<script type="text/javascript">
    $(document).ready(function() {
        $("#hide").click(function() {
            // 动画效果
            $("#test").hide("slow");
        });
$("#show").click(function() {
            // 动画效果
            $("#test").show("slow");
        });
    });
    </script>
    <body>
        <button id="hide">隐藏</button>
        <button id="show">显示</button>
```

```
        <div id="test">
在 jQuery 中，可以使用 show(),hide(),toggle()方法实现显示与隐藏效果。
        </div>
    </body>
```

本例中，单击"隐藏"按钮，会触发隐藏动画效果，将<div>元素以渐变的方式隐藏起来；单击"显示"按钮，会触发显示动画效果，将<div>元素以渐变的方式显示出来。运行结果如图 9-1 所示。

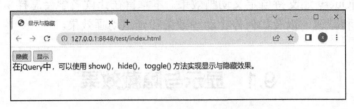

图 9-1　实例 9-1 运行结果

9.1.2　隐藏元素

在 jQuery 中，hide()方法用于隐藏元素。

语法格式如下。

```
$(selector).hide(speed,callback);
```

各参数说明如下。

speed：可选。规定隐藏的速度，可以取"slow"、"fast"或毫秒。

callback：可选。隐藏完成后所执行的函数名称。

实例 9-2　隐藏<div>元素。

```
<script type="text/javascript">
    $(document).ready(function() {
        $("#hide").click(function() {
            // 动画效果
            $("#test").hide("slow");
        });
    });
</script>
<body>
    <button id="hide">隐藏</button>
    <div id="test">
在 jQuery 中，可以使用 show(),hide(),toggle()方法实现显示与隐藏效果。
    </div>
</body>
```

本例中，单击"隐藏"按钮，会触发隐藏动画效果，将 <div> 元素以渐变的方式隐藏起来。运行结果如图 9-2 所示。

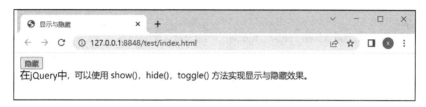

图 9-2　实例 9-2 运行结果

9.1.3　交替显示/隐藏元素

在 jQuery 中，toggle()方法用于切换 hide()和 show()方法。

语法格式如下。

```
$(selector).toggle(speed,callback);
```

各参数说明如下。

speed：可选。规定隐藏（显示）的速度，可以取"slow"、"fast" 或毫秒。

callback：可选。隐藏或显示完成后所执行的函数名称。

实例 9-3　切换隐藏和显示。

```
<script type="text/javascript">
        $(document).ready(function() {
            $("#toggle").click(function() {
                // 动画效果
                $("#test").toggle("slow");
            });
        });
</script>
<body>
    <button id="toggle">隐藏/显示</button>
    <div id="test">
在 jQuery 中，可以使用 show(),hide(),toggle()方法实现显示与隐藏效果。
    </div>
</body>
```

本例中，单击"隐藏/显示"按钮，会触发切换动画效果，将<div>元素在显示和隐藏之间进行切换，并应用渐变动画效果。运行结果如图 9-3 所示。

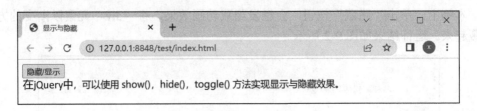

图 9-3　实例 9-3 运行结果

9.2　滑 动 效 果

9.2.1　向上收缩效果

在 jQuery 中，slideUp()方法用于实现向上收缩元素。

语法格式如下。

```
$(selector).slideUp(speed,callback);
```

各参数说明如下。

speed：可选。规定效果的时长，可以取"slow"、"fast"或毫秒。

callback：可选。滑动完成后所执行的函数名称。

实例 9-4　向上收缩元素。

```
<script type="text/javascript">
        $(document).ready(function() {

            $("#slideup").click(function() {
                // 动画效果
                $("#test").slideUp("slow");
            });

        });
</script>
<body>
        <button id="slideup" >上滑隐藏</button>
        <div id="test">
            在 jQuery 中，可以使用 slideUp(),slideDown(),slideToggle()方法
实现滑动效果。
        </div>
</body>
```

本例中，单击"上滑隐藏"按钮，会触发向上滑动隐藏动画效果，将<div>元素以渐变的方式向上滑动隐藏起来。运行结果如图 9-4 所示。

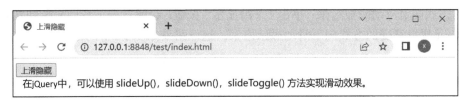

图 9-4　实例 9-4 运行结果

9.2.2　向下展开效果

在 jQuery 中，slideDown()方法用于实现向下滑动元素。

语法格式如下。

```
$(selector).slideDown(speed,callback);
```

各参数说明如下。

speed：可选。规定效果的时长，可以取"slow"、"fast" 或毫秒。

callback：可选。滑动完成后所执行的函数名称。

实例 9-5　向下滑动元素。

```
<script type="text/javascript">
        $(document).ready(function() {

            $("#slideup").click(function() {
                // 动画效果
                $("#test").slideUp("slow");
            });
            $("#slidedown").click(function() {
                // 动画效果
                $("#test").slideDown("slow");
            });
        });
</script>
<body>
        <button id="slideup" >上滑隐藏</button>
        <button id="slidedown">下滑显示</button>
        <div id="test">
            在 jQuery 中，可以使用 slideUp(),slideDown(),slideToggle()方法
实现滑动效果。
        </div>
```

```
</body>
```

本例中，单击"上滑隐藏"按钮，会触发向上滑动隐藏动画效果，将<div>元素以渐变的方式向上滑动隐藏起来；单击"下滑显示"按钮，会触发向下滑动显示动画效果，将<div>元素以渐变的方式向下滑动显示出来。运行结果如图 9-5 所示。

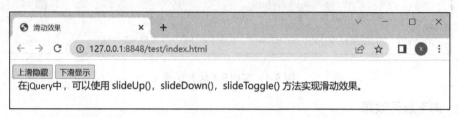

图 9-5   实例 9-5 运行结果

9.2.3   交替伸缩效果

在 jQuery 中，slideToggle()方法用于在 slideDown()与 slideUp()方法之间进行切换，从而实现交替伸缩效果。

语法格式如下。

```
$(selector).slideToggle(speed,callback);
```

各参数说明如下。

speed：可选。规定效果的时长，可以取"slow"、"fast"或毫秒。

callback：可选。滑动完成后所执行的函数名称。

实例 9-6   交替伸缩元素。

```
<script type="text/javascript">
        $(document).ready(function() {

            $("#slideup").click(function() {
                // 动画效果
                $("#test").slideUp("slow");
            });
            $("#slidedown").click(function() {
                // 动画效果
                $("#test").slideDown("slow");
            });

            $("#slidetoggle").click(function() {
                // 动画效果
                $("#test").slideToggle("slow");
```

```
                    });

                });
        </script>

        <body>
                <button id="slideup" >上滑隐藏</button>
                <button id="slidedown">下滑显示</button>
                <button id="slidetoggle" >上/下滑显示</button>

                <div id="test">
        在jQuery中，可以使用slideUp(),slideDown(),slideToggle()方法实现滑动效果。
                </div>
        </body>
```

　　本例中，通过单击按钮触发相应的滑动动画效果。单击"上滑隐藏"按钮，会使\<div\>元素以渐变的方式向上滑动隐藏；单击"下滑显示"按钮，会使\<div\>元素以渐变的方式向下滑动显示；单击"上/下滑显示"按钮，会切换\<div\>元素的显示和隐藏状态，并应用相应的渐变动画效果。运行结果如图 9-6 所示。

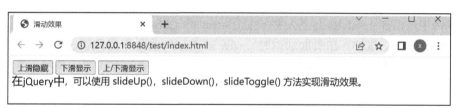

图 9-6　实例 9-6 运行结果

9.3　淡入淡出效果

9.3.1　淡入效果

　　在 jQuery 中，fadeIn()方法用于淡入已隐藏的元素。
语法格式如下。

```
    $(selector).fadeIn(speed,callback);
```

各参数说明如下。
speed：可选。规定隐藏（显示）的速度，可以取"slow"、"fast" 或毫秒。
callback：可选。淡入动画完成后所执行的函数名称。

实例 9-7 淡入显示。

```
<script type="text/javascript">
        $(document).ready(function() {

            $("#fadein").click(function() {
                // 动画效果
                $("#test").fadeIn("slow");
            });
        });
</script>

<body>
        <button id="fadein" >淡入显示</button>
        <div id="test">
            在 jQuery 中，可以使用 fadeIn(),fadeOut(),fadeToggle()方法实现
淡入淡出效果。
        </div>
</body>
```

本例中，添加了<style>标签，并设置了#test 的 CSS 样式，将其初始状态设置为隐藏(display: none)。这样，在页面加载时，<div id="test">将处于隐藏状态，当单击"淡入显示"按钮时，会触发淡入动画效果，将<div>元素以渐变的方式淡入显示出来。运行结果如图 9-7 所示。

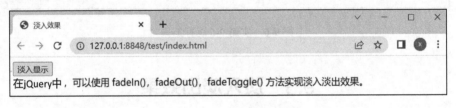

图 9-7 实例 9-7 运行结果

9.3.2 淡出效果

在 jQuery 中，fadeOut()方法用于淡出可见元素。
语法格式如下。

```
$(selector).fadeOut(speed,callback);
```

各参数说明如下。
speed：可选。规定隐藏（显示）的速度，可以取"slow"、"fast" 或毫秒。
callback：可选。淡出动画完成后所执行的函数名称。

实例 9-8　淡出效果。

```
<script type="text/javascript">
        $(document).ready(function() {

            $("#fadein").click(function() {
                // 动画效果
                $("#test").fadeIn("slow");
            });
            $("#fadeout").click(function() {
                // 动画效果
                $("#test").fadeOut("slow");
            });
        });
</script>
<body>
        <button id="fadein" >淡入显示</button>
        <button id="fadeout">淡出显示</button>
        <div id="test">
            在 jQuery 中，可以使用 fadeIn(),fadeOut(),fadeToggle()方法实现
淡入淡出效果。
        </div>
</body>
```

本例中，单击"淡入显示"按钮，会使<div>元素以渐变的方式淡入显示出来；单击"淡出显示"按钮，会使<div>元素以渐变的方式淡出隐藏起来。代码中使用了 jQuery 中的 fadeIn()和 fadeOut()方法，并通过设置 slow 参数来实现渐变效果的淡入淡出动画。运行结果如图 9-8 所示。

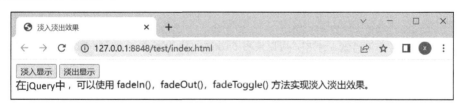

图 9-8　实例 9-8 运行结果

9.3.3　交替淡入淡出效果

在 jQuery 中，fadeToggle()方法用于在 fadeIn()与 fadeOut()方法之间进行切换。语法格式如下。

```
$(selector).fadeToggle(speed,callback);
```

各参数说明如下。

speed：可选。规定隐藏（显示）的速度，可以取"slow"、"fast" 或毫秒。

callback：可选。隐藏或显示完成后所执行的函数名称。

实例 9-9 交替淡入淡出效果。

```
<script type="text/javascript">
        $(document).ready(function() {

            $("#fadein").click(function() {
                // 动画效果
                $("#test").fadeIn("slow");
            });
            $("#fadeout").click(function() {
                // 动画效果
                $("#test").fadeOut("slow");
            });
            $("#fadetoggle").click(function() {
                // 动画效果
                $("#test").fadeToggle("slow");
            });

        });
</script>
<body>
    <button id="fadein" >淡入显示</button>
    <button id="fadeout">淡出显示</button>
    <button id="fadetoggle" >交替淡入淡出</button>

    <div id="test">
        在 jQuery 中，可以使用 fadeIn(),fadeOut(),fadeToggle()方法实现
淡入淡出效果。
    </div>
</body>
```

本例中，通过单击按钮触发相应的淡入淡出动画效果。单击"淡入显示"按钮，会
使<div>元素以渐变的方式淡入显示出来；单击"淡出显示"按钮，会使<div>元素以渐
变的方式淡出隐藏起来；单击"交替淡入淡出"按钮，会切换<div>元素的显示和隐藏
状态，并应用相应的渐变动画效果。代码中使用了 jQuery 中的 fadeIn()、fadeOut()和
fadeToggle()方法，并通过设置 slow 参数来实现渐变效果的淡入淡出动画。运行结果如

图 9-9 所示。

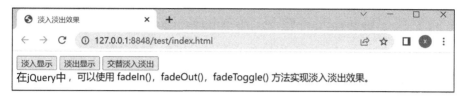

图 9-9　实例 9-9 运行结果

9.3.4　不透明效果

在 jQuery 中，fadeTo()方法用于允许渐变为给定的不透明度（值介于 0 与 1 之间）。语法格式如下。

```
$(selector).fadeTo(speed,opacity,callback);
```

各参数说明如下。

speed：必需。规定效果的时长，可以取"slow"、"fast" 或毫秒。

opacity：必需。将淡入淡出效果设置为给定的不透明度（值介于 0 与 1 之间）。

callback：可选。fadeTo()方法完成后所执行的函数名称。

实例 9-10　实现渐变不透明效果。

```
<head>
<script src="../js/jquery-3.2.1.js" type="text/javascript" charset=
"utf-8"></script>
<script type="text/javascript">
    $(document).ready(function() {

        $("#fadeTo").click(function() {
            $("#test").fadeTo("slow",0.15);
            $("#test2").fadeTo("slow",0.8);
        });

    });
</script>
<style type="text/css">
    #test{
        width: 200px;
        height: 150px;
        background-color: gold;
    }
    #test2{
```

```
                width: 200px;
                height: 150px;
                background-color: darkolivegreen;
            }
    </style>
    </head>

    <body>
            <button id="fadeTo" >渐变透明度</button>
            <div id="test">
                通过 fadeTo()方法实现渐变不透明效果。
            </div>
            <div id="test2">
                通过 fadeTo()方法实现渐变不透明效果。
            </div>
    </body>
```

本例中，通过单击按钮触发渐变透明度的效果。单击"渐变透明度"按钮，会使<div>元素以渐变的方式改变透明度，分别设置<div id="test">和<div id="test2">的透明度为0.15 和 0.8。代码中使用了 jQuery 中的 fadeTo()方法，并通过设置 slow 参数来实现渐变效果的透明度变化动画。运行结果如图 9-10 所示。

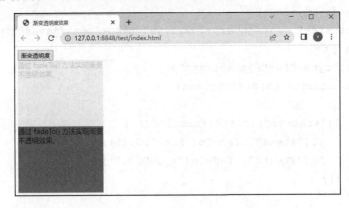

图 9-10　实例 9-10 运行结果

9.4　自定义动画效果

9.4.1　自定义动画

在 jQuery 中，animate()方法用于创建自定义动画。

语法格式如下。

```
$(selector).animate({params},speed,callback);
```

各参数说明如下。

params：必需。定义形成动画的 CSS 属性。animate()方法几乎可以操作所有 CSS 属性。

speed：可选。规定效果的时长，可以取"slow"、"fast"或毫秒。

callback：可选。动画完成后所执行的函数名称。

实例 9-11　将<div>元素往右移动 350 像素。

```html
<!DOCTYPE html>
<html>

    <head>
        <meta charset="UTF-8">
        <title>自定义动画</title>
        <script  src="../js/jquery-3.2.1.js"  type="text/javascript"
charset="utf-8"></script>
        <script>
            $(document).ready(function() {
                $("button").click(function() {
                    $("div").animate({
                        left: '350px'
                    });
                });
            });
        </script>
    </head>

    <body>
        <button>开始动画</button>
        <p>默认情况下，所有的 HTML 元素是静态定位的且是不可移动的。如果需要改变
位置，我们需要利用元素的 position 属性</p>
        <div style="background:#98bf21;height:100px;width:100px;
position:absolute;">
        </div>

    </body>

</html>
```

实例运行结果如图 9-11 所示。

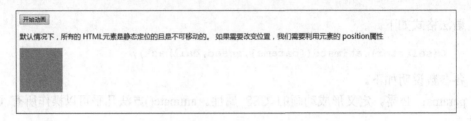

图 9-11　实例 9-11 运行结果 1

单击按钮触发事件，动画效果如图 9-12 所示。

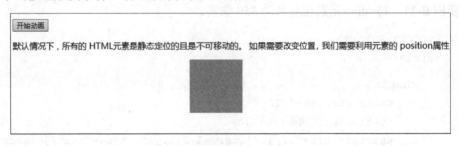

图 9-12　实例 9-11 运行结果 2

实例 9-12　自定义动画。

```html
<!DOCTYPE html>
<html>

    <head>
        <meta charset="UTF-8">
        <title>自定义动画</title>
        <script  src="../js/jquery-3.2.1.js"  type="text/javascript"
charset="utf-8"></script>
        <script>
            $(document).ready(function() {

                $("button").click(function() {
                    $("div").animate({
                        left: '350px',
                        opacity: '0.5',
                        height: '150px',
                        width: '150px'
                    });
                });
            });
        </script>
```

```
        </head>

        <body>
            <button>开始动画</button>
            <p>默认情况下，所有的 HTML 元素是静态定位的且是不可移动的。 如果需要改变
位置，我们需要利用元素的 position 属性</p>
            <div
style="background:#98bf21;height:100px;width:100px;position:absolute;">
            </div>
        </body>
    </html>
```

实例运行结果如图 9-13 所示。

图 9-13　实例 9-12 运行结果 1

单击按钮触发事件，动画效果如图 9-14 所示。

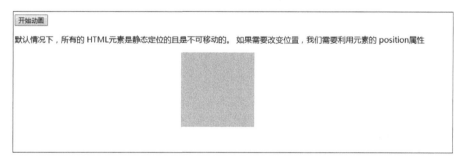

图 9-14　实例 9-12 运行结果 2

9.4.2　动画队列

　　jQuery 提供了针对动画的队列功能。也就是说，如果对目标元素编写多个 animate() 调用，jQuery 会创建包含这些方法调用的"内部"队列，然后逐一运行这些 animate() 调用。

　　实例 9-13　自定义动画。

```
    <!DOCTYPE html>
```

```
<html>
    <head>
        <meta charset="UTF-8">
        <title>自定义动画</title>
        <script  src="../js/jquery-3.2.1.js"  type="text/javascript"
charset="utf-8"></script>
        <script>
            $(document).ready(function() {
                $("button").click(function() {
                    $("div").animate({
                        left: '350px'
                    });
                    $("div").animate({fontSize:'2em'},"slow");
                });
            });
        </script>
    </head>

    <body>
    <button>开始动画</button>
    <p>默认情况下, 所有的 HTML 元素是静态定位的且是不可移动的。如果需要改变
位置, 我们需要利用元素的 position 属性</p>
    <div style="background:#98bf21;height:100px;width:100px;
position:absolute;">
        动画队列
    </div>

    </body>

</html>
```

实例运行结果如图 9-15 所示。

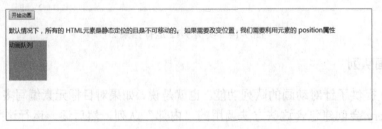

图 9-15　实例 9-13 运行结果 1

触发事件动画效果：先执行向右移动动画效果，再执行文本字体变大的动画效果，

如图 9-16 所示。

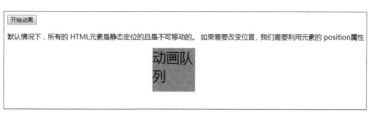

图 9-16　实例 9-13 运行结果 2

9.4.3　动画停止和延时

1. 动画停止

在 jQuery 中，stop()方法用于停止动画效果。stop()方法适用于所有 jQuery 效果，包括滑动、淡入、淡出和自定义动画效果。

语法格式如下。

```
$(selector).stop(stopAll,goToEnd);
```

各参数说明如下。

stopAll：可选。规定是否应该清除动画队列。默认为 false，即仅停止活动的动画，允许任何排入队列的动画向后执行。

goToEnd：可选。规定是否立即完成当前动画。默认为 false。

因此，stop()方法默认会清除被选元素上指定的当前动画。

实例 9-14　单击 DIV 开始动画，单击"stop"按钮之后在当前位置停止。

```
<!DOCTYPE html>
<html>

    <head>
        <meta charset="UTF-8">
        <title>动画停止和延时</title>
        <script  src="../js/jquery-3.2.1.js"  type="text/javascript"
charset="utf-8"></script>
        <script type="text/javascript">
            $(document).ready(function() {

                $("#flip").click(function() {
                    $("#panel").slideDown(5000);
                });

                $("#stop").click(function() {
                    $("#panel").stop();
```

```
            });
        });
    </script>
    <style type="text/css">
        #panel,
        #flip {
            padding: 5px;
            text-align: center;
            background-color: #D3D3D3;
            border: solid 1px #c3c3c3;
        }

        #panel {
            padding: 50px;
            display: none;
        }
    </style>
</head>

<body>
    <button id="stop">停止滑动</button>
    <div id="flip">点我向下滑动面板</div>
    <div id="panel">Hello world!</div>

</body>

</html>
```

实例运行结果如图 9-17 所示。

图 9-17　实例 9-14 运行结果

2. 动画延迟

在 jQuery 中，delay()方法用于对队列中的下一项的执行设置延迟、延迟动画效果等。语法格式如下。

```
$(selector).delay(speed,queueName)
```

各参数说明如下。

speed：可选。规定延迟的速度，可以取"slow"、"fast"和毫秒。

queueName：可选。规定队列的名称。

实例 9-15　延迟 5 秒开始动画效果。

```html
<!DOCTYPE html>
<html>

    <head>
        <meta charset="UTF-8">
        <title>动画停止和延时</title>
        <script  src="../js/jquery-3.2.1.js"  type="text/javascript"
charset="utf-8"></script>
        <script type="text/javascript">
            $(document).ready(function() {

                $("#delay").click(function() {
                    $("#div2").delay(5000).animate({height:"200px"});
                });

            });
        </script>
    </head>

    <body>
        <button id="delay">动画延迟</button>
        <div   id="div2"   style="background-color:   orange;width:
50px;height: 50px;">动画延迟</div>
    </body>

</html>
```

实例运行结果如图 9-18 所示。

图 9-18　实例 9-15 运行结果 1

单击按钮，5 秒之后，页面效果如图 9-19 所示。

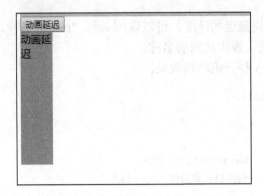

图 9-19　实例 9-15 运行结果 2

巩 固 练 习

1．用 200 毫秒快速将段落淡出，之后弹出一个对话框。

2．将隐藏的段落用 4 秒显示出来，并在之后执行一个反馈。

3．用 500 毫秒将段落移到距离左侧边界 50 像素的位置并完全清晰地显示出来（透明度为 1）。

第 10 章　jQuery 与 Ajax

本章主要介绍 jQuery 的 Ajax 框架，学习 jQuery 中常用的方法及如何应用到实际需求中，学习如何在页面中营造更加流畅的用户体验，以及如何根据需要获取外部资源。

10.1　Ajax 简介

Ajax 指异步 JavaScript 和 XML（asynchronous JavaScript and XML），是一种与服务器交换数据的技术。它在不重载全部页面的情况下，实现了对部分网页的更新。Ajax 通过 HTTP 请求加载远程数据。

10.2　jQuery 中的 Ajax 方法

编写常规的 Ajax 代码并不容易，因为不同的浏览器对 Ajax 的实现也不相同。这意味着必须编写额外的代码对浏览器进行测试。不过，jQuery 团队解决了这个难题，只需要一行简单的代码，就可以实现 Ajax 功能。此外，jQuery 还提供了各种 Ajax 方法供用户根据实际情况选用。

10.2.1　load()方法

load()方法是一种简单但强大的 Ajax 方法。load()方法从服务器加载数据，并把返回的数据放入被选元素中。

语法格式如下。

```
$(selector).load(url,data,callback);
```

load()方法的参数如表 10-1 所示。

表 10-1   load()方法的参数

参数	描述
url	必需。规定需要加载的 URL
data	可选。规定连同请求发送到服务器的数据
callback(response,status,xhr)	可选。规定 load()方法完成时运行的回调函数 额外的参数： ● response：包含来自请求的结果数据 ● status：包含请求的状态（"success"、"notmodified"、"error"、"timeout"、"parsererror"） ● xhr：包含 XMLHttpRequest 对象

实例 10-1   加载文件内容到指定的元素中。

下面是示例文件（demo_test.txt）的内容。

```
<h3>jQuery Ajax load 的功能，加载文件内容到元素中</h3>
```

本实例会把文件 demo_test.txt 的内容加载到指定的<div>元素中。

```
<!DOCTYPE html>
<html>
    <head>
        <meta charset="utf-8">
        <title>load</title>
        <script
src="https://cdn.staticfile.org/jquery/1.10.2/jquery.min.js">
        </script>
        <script>
        $(document).ready(function(){
            $("button").click(function(){
                $("#div1").load("demo_test.txt");
            });
        });
        </script>
    </head>
    <body>

        <div id="div1">
            <h3>使用 jQuery Ajax 修改文本内容</h3>
        </div>
        <button>发送 Ajax 请求获取数据</button>
    </body>
</html>
```

运行实例，页面初始效果如图 10-1 所示。

发送 Ajax 请求后的页面效果如图 10-2 所示。

使用 jQuery Ajax 修改文本内容

[发送Ajax请求获取数据]

图 10-1　实例 10-1 运行结果 1

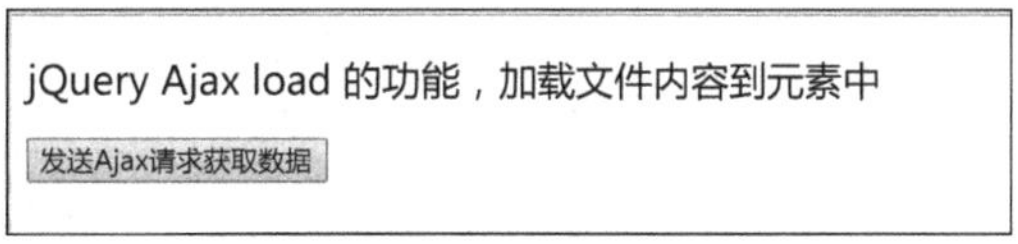

jQuery Ajax load 的功能，加载文件内容到元素中

[发送Ajax请求获取数据]

图 10-2　实例 10-1 运行结果 2

10.2.2　$.get()方法和$.post()方法

$.get()方法通过 HTTP GET 请求从服务器上请求数据。

$.post()方法通过 HTTP POST 请求从服务器上请求数据。

语法格式如下。

```
$.get(url,data,function(data,status,xhr),dataType)
$.post(url,data,function(data,status,xhr),dataType)
```

$.get()方法和$.post()方法的参数如表 10-2 和表 10-3 所示。

表 10-2　$.get()方法的参数

参数	描述
url	必需。规定需要请求的 URL
data	可选。规定连同请求发送到服务器的数据
function(data,status,xhr)	可选。规定当请求成功时运行的函数 额外的参数： ● 　data，包含来自请求的结果数据 ● 　status，包含请求的状态（"success"、"notmodified"、"error"、"timeout"、"parsererror"） ● 　xhr，包含 XMLHttpRequest 对象
dataType	可选。规定预期的服务器响应的数据类型 默认 jQuery 会智能判断 可能的类型： ● 　"xml"，一个 XML 文档 ● 　"html"，HTML 作为纯文本 ● 　"text"，纯文本字符串 ● 　"script"，以 JavaScript 运行响应，并以纯文本返回 ● 　"json"，以 JSON 运行响应，并以 JavaScript 对象返回 ● 　"jsonp"，使用 JSONP 加载一个 JSON 块，将添加一个"?callback-?"到 URL 来规定回调

表 10-3　　$.post()方法的参数

参数	描述
url	必需。规定将请求发送到哪个 URL
data	可选。规定连同请求发送到服务器的数据
function(data,status,xhr)	可选。规定当请求成功时运行的函数 额外的参数： ● 　data，包含来自请求的结果数据 ● 　status，包含请求的状态（"success"、"notmodified"、"error"、"timeout"、"parsererror"） ● 　xhr，包含 XMLHttpRequest 对象
dataType	可选。规定预期的服务器响应的数据类型 默认 jQuery 会智能判断 可能的类型： ● 　"xml"，一个 XML 文档 ● 　"html"，HTML 作为纯文本 ● 　"text"，纯文本字符串 ● 　"script"，以 JavaScript 运行响应，并以纯文本返回 ● 　"json"，以 JSON 运行响应，并以 JavaScript 对象返回 ● 　"jsonp"，使用 JSONP 加载一个 JSON 块，将添加一个"?callback=?"到 URL 来规定回调

实例 10-2　发送一个 HTTP GET 请求并获取返回结果。

```html
<!DOCTYPE html>
<html>
    <head>
        <meta charset="utf-8">
        <title>get</title>
        <script src="https://cdn.staticfile.org/jquery/1.10.2/jquery.min.js">
        </script>
        <script>
        $(document).ready(function(){
            $("button").click(function(){
                $.get("/try/ajax/demo_test.php",function(data,status){
                    alert("数据: " + data + "\n状态: " + status);
                });
            });
        });
        </script>
    </head>
    <body>

        <button>发送一个 HTTP GET 请求并获取返回结果</button>
```

```
    </body>
</html>
```

实例运行结果如图 10-3 所示。

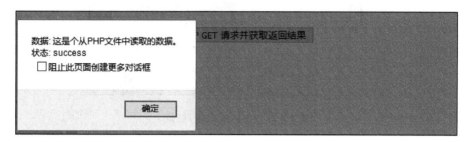

图 10-3　实例 10-2 运行结果

实例 10-3　发送一个 HTTP POST 请求页面并获取返回内容。

```
<!DOCTYPE html>
    <html>
        <head>
            <meta charset="utf-8">
            <title>test</title>
            <script  src="https://cdn.staticfile.org/jquery/1.10.2/jquery.
min.js">
            </script>
            <script>
            $(document).ready(function(){
                $("button").click(function(){
                    $.post("/try/ajax/demo_test_post.php",{
                        name:"教程",
                        url:"http://www.test.com"
                    },
                    function(data,status){
                        alert("数据: \n" + data + "\n 状态: " + status);
                    });
                });
            });
            </script>
        </head>
        <body>
            <button>发送一个 HTTP POST 请求页面并获取返回内容</button>
        </body>
```

```
</html>
```

实例运行结果如图 10-4 所示。

图 10-4　实例 10-3 运行结果

10.2.3　$.getScript()方法和$.getJSON()方法

$.getScript()方法使用 Ajax 的 HTTP GET 请求获取和执行 JavaScript 脚本。

$.getJSON()方法使用 Ajax 的 HTTP GET 请求获取 JSON 数据。

语法格式如下。

```
$(selector).getScript(url,success(response,status))
$(selector).getJSON(url,data,success(data,status,xhr))
```

$.getScript()方法和$.getJSON()方法的参数如表 10-4 和表 10-5 所示。

表 10-4　$.getScript()方法的参数

参数	描述
url	必需。规定将请求发送到哪个 URL
success(response,status)	可选。规定当请求成功时运行的函数 额外的参数： ● 　response，包含来自请求的结果数据 ● 　status，包含请求的状态（"success"、"notmodified"、"error"、"timeout"、"parsererror"）

表 10-5　$.getJSON()方法的参数

参数	描述
url	必需。规定将请求发送到哪个 URL
data	可选。规定发送到服务器的数据
success(data,status,xhr)	可选。规定当请求成功时运行的函数 额外的参数： ● 　data，包含从服务器返回的数据 ● 　status，包含请求的状态（"success"、"notmodified"、"error"、"timeout"、"parsererror"） ● 　xhr，包含 XMLHttpRequest 对象

实例 10-4 使用 Ajax 来获取 JavaScript 脚本并执行。

```html
<!DOCTYPE html>
<html>
    <head>
        <meta charset="utf-8">
        <title>test</title>
        <script src="https://cdn.staticfile.org/jquery/1.10.2/jquery.
min.js">
        </script>
        <script>
        $(document).ready(function(){
            $("button").click(function(){
                $.getScript("demo_ajax_script.js");
            });
        });
        </script>
    </head>
    <body>
        <button>使用 Ajax 来获取 JavaScript 脚本并执行</button>
    </body>
</html>
```

实例运行结果如图 10-5 所示。

图 10-5 实例 10-4 运行结果

实例 10-5 获取 JSON 数据。

```html
<!DOCTYPE html>
    <html>
        <head>
            <meta charset="utf-8">
            <title>test</title>
            <script src="https://cdn.staticfile.org/jquery/1.10.2/jquery.
```

```
min.js">
        </script>
        <script>
        $(document).ready(function(){
            $("button").click(function(){
                $.getJSON("demo_ajax_json.js",function(result){
                    $.each(result, function(i, field){
                        $("div").append(field + " ");
                    });
                });
            });
        });
        </script>
    </head>
    <body>
        <button>获取 JSON 数据</button>
        <div></div>
    </body>
</html>
```

实例运行结果如图 10-6 所示。

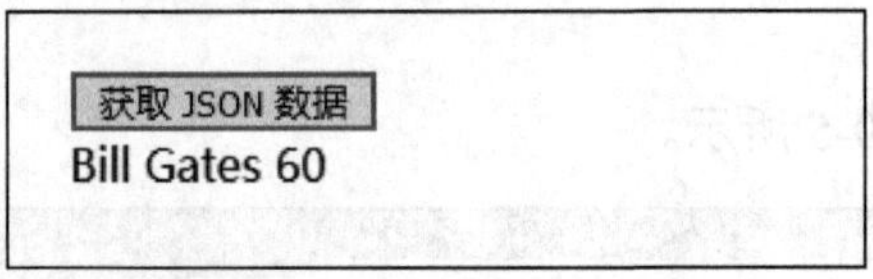

图 10-6 实例 10-5 运行结果

10.2.4 $.ajax()方法

$.ajax()方法用于执行 Ajax（异步 HTTP）请求。

jQuery 发送的所有 Ajax 请求，内部都会通过调用$.ajax()方法来实现，该方法通常用于执行其他方法不能完成的请求。

语法格式如下。

```
$.ajax({name:value, name:value, ... })
```

该参数规定 Ajax 请求的一个或多个键值对。表 10-6 列出了可能的键值对。

表 10-6　$.ajax()方法的键值对

键	值/描述
async	布尔值，表示请求是否异步处理。默认为 true
beforeSend(xhr)	发送请求前运行的函数
cache	布尔值，表示浏览器是否缓存被请求页面。默认为 true
complete(xhr,status)	请求完成时运行的函数（在请求成功或失败之后均调用，即在 success()和 error()函数之后调用）
contentType	发送数据到服务器时所使用的内容类型。默认为"application/x-www-form-urlencoded"
context	为所有 Ajax 相关的回调函数规定"this"值
data	规定要发送到服务器的数据
dataFilter(data,type)	用于处理 XMLHttpRequest 原始响应数据的函数
dataType	预期的服务器响应的数据类型
error(xhr,status,error)	如果请求失败要运行的函数
global	布尔值，规定是否为请求触发全局 Ajax 事件处理程序。默认为 true
ifModified	布尔值，指定是否应该检查服务器响应是否已经被修改过，默认为 false。使用 ifModified 选项可以防止从缓存获取旧数据，确保获得服务器上最新的内容
jsonp	在一个 JSONP 中重写回调函数的字符串
jsonpCallback	在一个 JSONP 中规定回调函数的名称
password	规定在 HTTP 访问认证请求中使用的密码
processData	布尔值，规定通过请求发送的数据是否转换为查询字符串。默认为 true
scriptCharset	规定请求的字符集
success(result,status,xhr)	当请求成功时运行的函数
timeout	设置本地的请求超时时间（以毫秒计）
traditional	布尔值，规定是否使用参数序列化的传统样式
type	规定请求的类型（GET 或 POST）
url	规定发送请求的 URL。默认为当前页面
username	规定在 HTTP 访问认证请求中使用的用户名
xhr	用于创建 XMLHttpRequest 对象的函数

部分常见属性说明如下。

1）type：请求类型。默认为'GET'，还支持取值'POST'、'DELETE'、'PUT'等。

2）url：发送请求的地址。默认为当前页面地址。

3）async：默认设置下，所有请求均为异步请求（即默认为 true）。如果需要发送同步请求，请将此选项设置为 false。跨域请求和 dataType:"jsonp"请求不支持同步操作。

4）contentType：默认为"application/x-www-form-urlencoded；charset=UTF-8"，表示将数据发送到服务器时，使用该内容类型，适合大多数情况。如果明确地传递了一个内容类型（Content-Type）给$.ajax()，那么它总是会发送给服务器（即使没有数据要发送）。从 jQuery 1.6 开始，可以传递 false 来告诉 jQuery，没有设置任何内容类型头信息。

注意：W3C 的 XMLHttpRequest 的规范规定，数据总是使用 UTF-8 字符集传递给服务器；指定其他字符集无法强制浏览器更改编码。对于跨域请求，内容类型设置为 application/x-www-form-urlencoded, multipart/form-data 或 text/plain 以外，将触发浏览器发送一个预检 OPTIONS 请求到服务器。

5）dataType：从服务器返回期望的数据类型。如果没有指定，jQuery 将尝试通过 MIME 类型的响应信息来智能判断（一个 XML MIME 类型就被识别为 XML，在 jQuery1.4 中 JSON 将生成一个 JavaScript 对象，script 将执行该脚本，其他任何类型会返回一个字符串）。可用的类型（以及结果将作为第一个参数传递给成功回调函数）如下。

● "xml"：返回 XML 文档，可以通过 jQuery 处理。
● "html"：返回 HTML 纯文本；包含的<script>标签会在插入 DOM 时执行。
● "script"：把响应的结果当作 JavaScript 执行，并将其当作纯文本返回。默认情况下，会通过在 URL 中附加查询字符串变量_=[TIMESTAMP]禁用缓存结果，除非设置 cache 参数为 true。

注意：在远程请求时（不在同一个域下），所有 POST 请求都将转为 GET 请求（因为将使用 DOM 的<script>标签来加载）。

● "json"：把响应的结果当作 JSON 执行，并返回一个 JavaScript 对象。跨域"json"请求转换为"jsonp"，除非该请求在其请求选项中设置了 jsonp:false。JSON 数据将以严格的方式解析，任何畸形的 JSON 将被拒绝，并且抛出解析错误信息。在 jQuery 1.9 中，一个空响应也会被拒绝；服务器应该返回 null 或{}响应代替。
● "jsonp"：以 JSONP 的方式载入 JSON 数据块。会自动在所请求的 URL 末尾添加"?callback=?"。默认情况下，会通过在 URL 中附加查询字符串变量_=[TIMESTAMP]禁用缓存结果，除非设置 cache 参数为 true。
● "text"：返回纯文本字符串。

多个用空格分隔的值：从 jQuery 1.5 开始，jQuery 可通过内容类型（Content-Type）头收到并转换一个用户需要的数据类型。例如，如果想要一个文本响应为 XML 处理，使用"text xml"数据类型。也可以将一个 JSONP 请求以文本形式接收，并用 jQuery 以 XML 解析："jsonp text xml"。同样地，可以使用"jsonp xml"简写，首先尝试从 JSONP 到 XML 的转换，如果转换失败，就先将 JSONP 转换成 TEXT，再由 TEXT 转换成 XML。

6）data：PlainObject 或 String 或 Array 发送到服务器的数据。

7）error：Function(jqXHR jqXHR, String textStatus, String errorThrown)请求失败时调用此函数。

8）Success：Function(Anything data, String textStatus, jqXHR jqXHR)为请求成功后的回调函数。

实例 10-6 通过 get 发送 Ajax 请求，将 name 和 address 作为数据发送到服务器，保存数据到服务器上，并请求服务器反馈文本信息，将获取的信息显示在指定位置。

```html
<!DOCTYPE html>
<html>
    <head>
        <meta charset="UTF-8">
        <title>Ajax 方法</title>
        <script src="https://cdn.staticfile.org/jquery/1.10.2/jquery.
min.js">
        </script>
        <script>
            $(document).ready(function() {
                $("button").click(function() {
                    $.ajax({
                        url: "demo_test.txt",
                        async : true,
                        type: "get",
                        dataType: "text",
                        data: {
                            name : "John",
                            address : "Boston"
                        },
                        success: function(result) {
                            $("#div1").html(result);
                        },
                        error: function(xhr,status,error){
                            alert("请求失败");
                        }
                    });
                });
            });
        </script>
    </head>

    <body>
        <div id="div1">
            <h3>使用 jQuery Ajax 修改文本内容</h3>
        </div>
        <button>发送 Ajax 请求获取数据</button>
    </body>

</html>
```

运行实例，页面初始效果如图 10-7 所示。

发送 Ajax 请求后，页面效果如图 10-8 所示。

使用 jQuery Ajax 修改文本内容	txt文件中的数据：
发送Ajax请求获取数据	jQuery Ajax load 的功能，加载文件内容到元素中
	发送Ajax请求获取数据

图 10-7　实例 10-6 运行结果 1 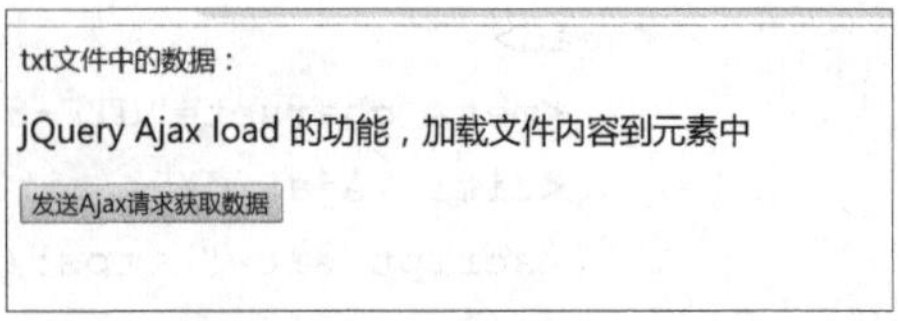　　　　　　　　图 10-8　实例 10-6 运行结果 2

10.3　jQuery 中的 Ajax 事件

Ajax 有两种事件，一种是局部事件，另一种是全局事件。

1. 局部事件

局部事件通过$.ajax()方法来调用并分配。示例代码如下。

```
$.ajax({
    beforeSend: function(xhr){
    // 发送请求之前处理事件
    },
    complete: function(xhr,status){
    /* 请求完成时运行的函数（在请求成功或失败之后均调用，即在 success()和 error()
函数之后）*/
    },
    dataFilter: function(data,type){
    // 用于处理 XMLHttpRequest 原始响应数据的函数
    },
    error(xhr,status,error){
    // 如果请求失败要运行的函数
    },
    success(result,status,xhr){
    // 当请求成功时运行的函数
    }
});
```

2. 全局事件

全局事件可以用 bind()方法绑定,用 unbind()方法取消绑定。这个与 click、mousedown、keyup 等事件类似。但它可以传递到每一个 DOM 元素上。示例代码如下。

```
$("#loading").bind("ajaxSend", function(){
        //使用bind()方法
    $(this).show();
}).ajaxComplete(function(){
        //直接使用ajaxComplete()方法
    $(this).hide();
});
```

当然,如果某一个 Ajax 请求不希望产生全局事件,则可以设置 global:false。示例代码如下。

```
$.ajax({
    url: "test.html",
    global: false,
    ...
});
```

一般来说,事件的执行顺序如下。

1)ajaxStart 全局事件:开始新的 Ajax 请求,并且此时没有其他 Ajax 请求正在进行。

2)beforeSend 局部事件:当一个 Ajax 请求开始时触发。如果有需要,可以在这里设置 XHR 对象。

3)ajaxSend 全局事件:请求开始前触发的全局事件。

4)success 局部事件:请求成功时触发。即服务器没有返回错误,返回的数据也没有错误。

5)ajaxSuccess 全局事件:全局请求成功。

6)error 局部事件:仅当发生错误时触发。无法同时执行 success()和 error()两个回调函数。

7)ajaxError 全局事件:全局请求发生错误时触发。

8)complete 局部事件:不管请求成功还是失败,即便是同步请求,也能在请求完成时触发该事件。

9)ajaxComplete 全局事件:全局请求完成时触发。

10)ajaxStop 全局事件:当没有 Ajax 请求正在进行时触发。

另外,全局事件中,除了 ajaxStart 和 ajaxStop 之外,其他的事件都有 3 个参数:event、

XMLHttpRequest 和 ajaxOptions，第一个是事件，第二个是 XHR 对象，第三个参数最有用，是当时调用这个 Ajax 时的参数。对于 ajaxError，还有第四个参数 thrownError，只有当异常发生时该参数才会被传递。可以利用 ajaxOptions 来写一个全局的 Ajax 事件。示例代码如下。

```
$("#msg").beforeSend(function(e,xhr,o) {
    $(this).html("正在请求"+o.url);
}).ajaxSuccess(function(e,xhr,o) {
    $(this).html(o.url+"请求成功");
}).ajaxError(function(e,xhr,o) {
    $(this).html(o.url+"请求失败");
});
```

如果使用 Ajax 调用，还可以传递自定义参数，如自定义一个 msg 参数给了 Ajax 调用。示例代码如下。

```
//自定义参数 msg
$.ajax({url:"test1.html",type:"get",msg:"页面一"});
$.ajax({url:"test2.html",type:"get",msg:"页面二"});
$.ajax({url:"test3.html",type:"get",msg:"页面三"});
$.ajax({url:"test4.html",type:"get",msg:"页面四"});

//这里就能获取到自定义参数 msg
//这可以用来区别对待不同的 Ajax 请求
$("#msg").beforeSend(function(e,xhr,o) {
    $(this).html("正在请求"+o.msg);
}).ajaxSuccess(function(e,xhr,o) {
    $(this).html(o.msg+"请求成功");
}).ajaxError(function(e,xhr,o) {
    $(this).html(o.msg+"请求失败");
});
```

巩 固 练 习

1. 使用$.ajax()方法载入一个 HTML 网页最新版本。
2. 使用$.getJson()方法从 test.js 载入 JSON 数据，附加参数，显示 JSON 数据中的一个 name 字段数据。
3. 使用$.getScript()方法载入并执行 test.js，成功后显示信息。

第 11 章　jQuery 常用插件

本章主要介绍 jQuery 强大的第三方插件，其中表单插件、验证插件实际应用中使用十分广泛。此外，还介绍了快捷菜单和图片弹窗插件的使用。

11.1　表 单 插 件

jQuery Form 插件是一个优秀的 Ajax 表单插件，可以非常容易地、无侵入地升级 HTML 表单以支持 Ajax，能够实现异步提交表单。

jQuery Form 有两个核心方法 ajaxForm()和 ajaxSubmit()，它们集合了从控制表单元素到决定如何管理提交进程的功能。另外，插件还包括其他的一些方法。

示例代码如下。

```
1.   $('#myForm').ajaxForm(function() {
2.       $('#output1').html("提交成功！欢迎下次再来！").show();
3.   });
4.
5.   $('#myForm2').submit(function() {
6.       $(this).ajaxSubmit(function() {
7.           $('#output2').html("提交成功！欢迎下次再来！").show();
8.       });
9.       return false;  //阻止表单默认提交
10.  });
```

通过 Form 插件的两个核心方法，可以在不修改表单的 HTML 代码结构的情况下，轻松地将表单的提交方式升级为 Ajax 提交方式。

ajaxForm()和 ajaxSubmit()都能接收 0 个或 1 个参数，当为单个参数时，该参数既可以是一个回调函数，也可以是一个 Options 对象。上面的例子就是回调函数，下面介绍 Options 对象，使得它们对表单拥有更多的控制权。

```
1.   var options = {
2.       target: '#output',   //把服务器返回的内容放入 id 为 output 的元素中
3.       beforeSubmit: showRequest,   //提交前的回调函数
4.       success: showResponse,       //提交后的回调函数
```

```
5.        timeout: 3000    //限制请求的时间, 当请求大于 3 秒时, 跳出请求
6.      }
7.    function showRequest(formData, jqForm, options){
8.        /*formData: 数组对象, 提交表单时, Form 插件会以 Ajax 方式自动提交这
些数据, 格式如[{name:user,value:val },{name:pwd,value:pwd}]*/
9.        var queryString = $.param(formData);    //name=1&address=2
10.       var formElement = jqForm[0]; //将jqForm转换为 DOM 对象
11.        var address = formElement.address.value;   //访问 jqForm 的
DOM 元素
12.        return true;   /*只要不返回 false, 表单都会提交, 在这里可以对表单元
素进行验证*/
13.    };
14.    function showResponse(responseText, statusText){
15.        var name = $('name', responseXML).text();
16.        var address = $('address', responseXML).text();
17.        $("#xmlout").html(name + "  " + address);
18.        $("#jsonout").html(data.name + "  " + data.address);
19.    };
20.    $("#myForm").ajaxForm(options);
21.
22.    $("#myForm2").submit(funtion(){
23.        $(this).ajaxSubmit(options);
24.        return false;    //阻止表单默认提交
25.    });
```

表单提交之前进行验证: beforeSubmit 会在表单提交前被调用, 如果 beforeSubmit 返回 false, 则会阻止表单提交。

```
1.    beforeSubmit: validate
2.    function validate(formData, jqForm, options) { /*在这里对表单进
      行验证, 如果不符合规则, 将返回 false 来阻止表单提交, 直到符合规则为止*/
3.        //方式一: 利用 formData 参数
4.        for (var i=0; i < formData.length; i++) {
5.            if (!formData[i].value) {
6.                alert('用户名,地址和自我介绍都不能为空!');
7.                return false;
8.            }
9.        }
10.
11.        //方式二: 利用 jqForm 对象
12.        var form = jqForm[0]; //把表单转化为 DOM 对象
```

```
13.            if (!form.name.value || !form.address.value) {
14.                 alert('用户名和地址不能为空，自我介绍可以为空！');
15.                 return false;
16.            }
17.
18.            /*方式三：利用 fieldValue()方法。fieldValue()是表单插件的一个方法，
它能找出表单中元素的值，返回一个集合*/
19.            var usernameValue = $('input[name=name]').fieldValue();
20.            var addressValue = $('input[name=address]').fieldValue();
21.            if (!usernameValue[0] || !addressValue[0]) {
22.                alert('用户名和地址不能为空，自我介绍可以为空！');
23.                return false;
24.            }
25.
26.             var queryString = $.param(formData); //组装数据
27.             return true;
28.        }
```

实例 11-1　使用表单插件，当用户在表单中填写用户名和密码并单击 "提交" 按钮
时，表单将以 Ajax 方式提交，如果用户名和密码不为空，则显示一个成功提交提示框。

前提条件：使用的页面中需要引入两个文件，jQuery 库必须定义在最前面。

```html
<script src="js/jquery.min.js"></script>
<script src="js/jquery.form.js"></script>

<!DOCTYPE html>
<html>
    <head>
        <meta charset="UTF-8">
        <title>表单插件</title>
        <script  src="../js/jquery-3.2.1.js"  type="text/javascript"
charset="utf-8"></script>
        <script  src="../js/jquery.form.js"  type="text/javascript"
charset="utf-8"></script>
    </head>

    <body>
        <form id="myForm" action="../index.html">
            用户名：<input type="text" name="username">
            密码：<input type="text" name="password">
            <input type="submit" value="提交">
            <div id="output1" style="display: none"></div>
```

```
        </form>
    </body>
    <script>
        // 使用 ajaxForm
        $(function() {

            var options = {
                beforeSubmit: validate,      //提交前的回调函数
                success: showResponse,          //提交后的回调函数
            }
/*在这里对表单进行验证，如果不符合规则，返回 false 阻止表单提交，直到符合规则为止*/
            function validate(formData, jqForm, options) {
                /*利用 fieldValue()方法。fieldValue()是表单插件的一个方法，
它能找出表单中元素的值，返回一个集合*/
                var usernameValue = $('input[name=username]').fieldValue();
                var passwordValue = $('input[name=password]').fieldValue();
                if(!usernameValue[0] || !passwordValue[0]) {
                    alert('用户名和密码不可以为空！');
                    return false;
                }
                var queryString = $.param(formData); //组装数据

                return true;
            }

            function showResponse(){
                alert("Ajax 表单提交成功！");
            }
            // 提交表单
            $("#myForm").ajaxForm(options);
        })
    </script>
</html>
```

当用户名和密码为空时，会调用 validate()函数，进行表单验证。实例运行结果如图 11-1 所示。

图 11-1　实例 11-1 运行结果 1

当符合填写规则时，会通过 Ajax 进行表单提交，提交成功后会调用 showResponse()
函数，弹出一个提示框，如图 11-2 所示。

图 11-2　实例 11-1 运行结果 2

11.2　验 证 插 件

jQuery Validate 插件为表单提供了强大的验证功能，让客户端表单验证变得更简单，
同时提供了大量的定制选项，以满足应用程序的各种需求。该插件捆绑了一套有用的验
证方法，包括 URL 和电子邮件验证，同时提供了一个用来编写用户自定义方法的 API。
所有捆绑方法默认使用英语作为错误信息。

访问 jQuery Validate 官网，下载最新版的 jQuery Validate 插件。

导入 JavaScript 库（使用本地下载文件或其他网站提供的 CDN），示例代码如下。

```
<script src="http://static.runoob.com/assets/jquery-validation-1.14.0/
lib/jquery.js"></script><script src="http://static.runoob.com/assets/jquery-
validation-1.14.0/dist/jquery.validate.min.js"></script>
```

默认校验规则如表 11-1 所示。

JavaScript+jQuery 程序设计与应用

表 11-1　默认校验规则

序号	规则	描述
1	required:true	必须输入的字段
2	remote:"check.php"	使用 Ajax 方法调用 check.php 验证输入值
3	email:true	必须输入正确格式的电子邮件
4	url:true	必须输入正确格式的网址
5	date:true	必须输入正确格式的日期。日期校验 IE6 出错，慎用
6	dateISO:true	必须输入正确格式的日期（ISO）。例如，2009-06-23，1998/01/22。只验证格式，不验证有效性
7	number:true	必须输入合法的数字（负数，小数）
8	digits:true	必须输入整数
9	creditcard:	必须输入合法的信用卡号
10	equalTo:"#field"	输入值必须和#field 相同
11	accept:	输入拥有合法扩展名的字符串（上传文件的扩展名）
12	maxlength:5	输入长度最多是 5 的字符串（汉字算一个字符）
13	minlength:10	输入长度最小是 10 的字符串（汉字算一个字符）
14	rangelength:[5,10]	输入长度必须介于 5 和 10 之间的字符串（汉字算一个字符）
15	range:[5,10]	输入值必须介于 5 和 10 之间
16	max:5	输入值不能大于 5
17	min:10	输入值不能小于 10

默认提示代码如下。

```
messages: {
    required: "This field is required.",
    remote: "Please fix this field.",
    email: "Please enter a valid email address.",
    url: "Please enter a valid URL.",
    date: "Please enter a valid date.",
    dateISO: "Please enter a valid date ( ISO ).",
    number: "Please enter a valid number.",
    digits: "Please enter only digits.",
    creditcard: "Please enter a valid credit card number.",
    equalTo: "Please enter the same value again.",
    maxlength: $.validator.format( "Please enter no more than {0}
characters." ),
    minlength: $.validator.format( "Please enter at least {0}
characters." ),
    rangelength: $.validator.format( "Please enter a value between {0}
and {1} characters long." ),
```

```
range: $.validator.format( "Please enter a value between {0} and {1}." ),
max: $.validator.format( "Please enter a value less than or equal to {0}." ),
min: $.validator.format( "Please enter a value greater than or equal
to {0}." )}
```

　　jQuery Validate 提供了中文信息提示包，位于下载包的 dist/localization/messages_zh.js 中，内容如下。

```
(function( factory ) {
    if ( typeof define === "function" && define.amd ) {
    define( ["jquery", "../jquery.validate"], factory );
    } else {
        factory( jQuery );
    }}(function( $ ) {
/*
 * Translated default messages for the jQuery validation plugin.
 * Locale: ZH (Chinese, 中文 (Zhōngwén), 汉语, 漢語)
 */
$.extend($.validator.messages, {
    required: "这是必填字段",
    remote: "请修正此字段",
    email: "请输入有效的电子邮件地址",
    url: "请输入有效的网址",
    date: "请输入有效的日期",
    dateISO: "请输入有效的日期 (YYYY-MM-DD)",
    number: "请输入有效的数字",
    digits: "只能输入数字",
    creditcard: "请输入有效的信用卡号码",
    equalTo: "你的输入不相同",
    extension: "请输入有效的扩展名",
    maxlength: $.validator.format("最多可以输入 {0} 个字符"),
    minlength: $.validator.format("最少要输入 {0} 个字符"),
    rangelength: $.validator.format("请输入长度在 {0} 到 {1} 之间的字符串"),
    range: $.validator.format("请输入范围在 {0} 到 {1} 之间的数值"),
    max: $.validator.format("请输入不大于 {0} 的数值"),
    min: $.validator.format("请输入不小于 {0} 的数值")});
}));
```

可以将本地化信息文件 dist/localization/messages_zh.js 引入页面。

```
<script src="../jquery-validation-1.14.0/dist/localization/messages_zh.
js"></script>
```

一般可以将校验规则直接写在控件中，也可以将其写在 JavaScript 代码中。下面的实例以写在 JavaScript 代码中为例进行演示，以方便统一维护和修改。

实例 11-2 使用 jQuery Validation 插件进行 HTML 表单验证，如果用户提交的表单输入无效，则会为每个无效字段显示错误消息。

使用该插件的页面需要引入至少两个文件，如下所示。

```
<script src="https://static.runoob.com/assets/jquery-validation-1.14.0/lib/jquery.js"></script>
<script src="https://static.runoob.com/assets/jquery-validation-1.14.0/dist/jquery.validate.min.js"></script>
```

完整代码如下。

```
<!DOCTYPE html>
<html>
    <head>
        <meta charset="utf-8">
        <title>验证表单控件</title>
        <script src="https://static.runoob.com/assets/jquery-validation-1.14.0/lib/jquery.js"></script>
        <script src="https://static.runoob.com/assets/jquery-validation-1.14.0/dist/jquery.validate.min.js"></script>
        <script src="https://static.runoob.com/assets/jquery-validation-1.14.0/dist/localization/messages_zh.js"></script>
    <script>
    $.validator.setDefaults({
      submitHandler: function() {
        alert("提交事件!");
      }
    });
    $().ready(function() {
    // 在用户与表单交互(包括键盘按下和释放操作以及提交表单)时，触发验证操作
      $("#signupForm").validate({
          rules: {
            firstname: "required",
            lastname: "required",
            username: {
              required: true,
              minlength: 2
            },
```

```
        password: {
          required: true,
          minlength: 5
        },
        confirm_password: {
          required: true,
          minlength: 5,
          equalTo: "#password"
        },
        email: {
          required: true,
          email: true
        },
        agree: "required"
      },
      messages: {
        firstname: "请输入您的名字",
        lastname: "请输入您的姓氏",
        username: {
          required: "请输入用户名",
          minlength: "用户名必须由两个字母组成"
        },
        password: {
          required: "请输入密码",
          minlength: "密码长度不能小于 5 个字母"
        },
        confirm_password: {
          required: "请输入密码",
          minlength: "密码长度不能小于 5 个字母",
          equalTo: "两次密码输入不一致"
        },
        email: "请输入一个正确的邮箱",
        agree: "请接受我们的声明"
      }
    });
  });
</script>
<style>
.error{
    color:red;
```

```
        }
    </style>
    </head>
    <body>
    <form class="cmxform" id="signupForm" method="get" action="">
      <fieldset>
        <legend>验证完整的表单</legend>
        <p>
          <label for="firstname">名字</label>
          <input id="firstname" name="firstname" type="text">
        </p>
        <p>
          <label for="lastname">姓氏</label>
          <input id="lastname" name="lastname" type="text">
        </p>
        <p>
          <label for="username">用户名</label>
          <input id="username" name="username" type="text">
        </p>
        <p>
          <label for="password">密码</label>
              <input id="password" name="password" type="password">
            </p>
            <p>
              <label for="confirm_password">验证密码</label>
              <input  id="confirm_password"  name="confirm_password"
type="password">
            </p>
            <p>
              <label for="email">Email</label>
              <input id="email" name="email" type="email">
            </p>
            <p>
              <label for="agree">请同意我们的声明</label>
              <input type="checkbox" class="checkbox" id="agree" name=
"agree">
            </p>
            <p>
              <input class="submit" type="submit" value="提交">
            </p>
```

```
        </fieldset>
      </form>
    </body>
  </html>
```

实例运行结果如图 11-3 所示。

图 11-3　实例 11-2 运行结果

11.3　快捷菜单插件

jquery-menu 是一款简单的 jQuery 快捷菜单插件。使用 jquery-menu 快捷菜单插件，可以在指定的页面区域内制作快捷菜单或普通菜单效果，非常方便。jquery-menu 快捷菜单插件具有以下特点。

1）支持键盘操作。

2）快捷菜单会始终停留在窗口内。

3）支持无穷子菜单。

4）允许禁用某个菜单项或整个菜单。

5）允许在菜单分组间添加分隔线。

6）支持快捷菜单和普通菜单。

7）多个元素可以共享一个菜单。

8）菜单会根据内容自动缩放大小。

9）每个菜单都提供各自的回调函数。

1．使用方法

在页面中引入 jQuery 和 jquery-menu.js 文件，以及 jquery-menu.css 文件，示例代码如下。

```
<link rel="stylesheet" type="text/css" href="css/jquery-menu.css" />
```

```
<script src="js/jquery.min.js"></script>
<script src="js/jquery-menu.js"></script>
```

2. 初始化插件

在需要使用快捷菜单的元素上，可以使用 catMenu() 方法实例化一个快捷菜单。

```
$(selector).catMenu(options);
```

其中，selector 为绑定插件的元素，options 为配置对象。

3. 配置参数

jquery-menu 快捷菜单插件的可用配置参数如表 11-2 所示。

表 11-2　jquery-menu 快捷菜单插件的可用配置参数

参数	默认值	描述
menu		快捷菜单的 ID
mouse_button	'right'	设置是快捷菜单还是普通菜单。可选值有'right'和'left'
min_width	120	快捷菜单的最小宽度，单位为像素
max_width	0	快捷菜单的最大宽度，0 表示无最大宽度
delay	500	子菜单出现前的延迟时间，单位为毫秒
keyboard	true	是否允许使用键盘控制
hover_intent	true	是否使用 hoverIntent 插件

实例 11-3　使用 jQuery 编写简单的快捷菜单插件，创建两个菜单项，每个菜单项都是一个<li>元素，具有唯一的 ID 和一个包含在<a>元素中的超链接。

```
<!DOCTYPE html>
<html>
    <head>
        <meta charset="UTF-8">
        <title>快捷菜单插件</title>
        <link rel="stylesheet" type="text/css" href="../css/jquery-
menu.css"/>
        <script src="../js/jquery-3.2.1.js" type="text/javascript"
charset="utf-8"></script>
        <script src="../js/jquery-menu.js" type="text/javascript"
charset="utf-8"></script>
        <script type="text/javascript">
            $(function() {

                // 为元素创建快捷菜单
                $('#simpleCallback').catMenu({
```

```
                menu: 'simpleCallbackMenu'
            });
        })
    </script>
</head>

<body>
    <div id="simpleCallback">
        右击我
    </div>
    <div id="simpleCallbackMenu" style="display: none;">
        <ul>
            <li id="MenuItem1">
                    <a href="#Item1">菜单 1</a>
            </li>
            <li id="MenuItem2">
                <a href="#Item2">菜单 2</a>
            </li>

        </ul>
    </div>
</body>
</html>
```

实例运行结果如图 11-4 所示。

图 11-4 实例 11-3 运行结果

11.4 图片弹窗插件

jQuery Poptrox 是一个基于 jQuery 的轻量级插件，用于创建响应式的图片画廊和弹出式图片查看器。它允许用户在网页上展示一系列图片，并提供了一个简单而漂亮的弹出式效果，使用户可以单击图片以放大查看。jQuery Poptrox 还提供了一些定制选项，可以让用户根据需要自定义图片画廊的外观和行为。

实例 11-4 使用 jQuery Poptrox 插件，在弹出窗口中显示图像和视频。

1）head 引入 jquery.js 和 jquery.poptrox.js 文件。

```
<script src="js/jquery-x.x.x.js"></script>
<script src="js/jquery.poptrox.js"></script>
```

2）body 引入 HTML 和脚本代码。

```
<!DOCTYPE HTML>
<html>

    <head>
        <title>支持弹出图片视频 jQuery 插件</title>
        <meta http-equiv="content-type" content="text/html; charset=
UTF-8" />
        <script src="http://libs.baidu.com/jquery/2.0.0/jquery.min.
js"></script>
        <script src="../js/jquery.poptrox.js" type="text/javascript"
charset="utf-8"></script>
        <style>
            body {
                font-family: sans-serif;
                font-size: 12pt;
                color: #444;
                line-height: 1.5em;
            }

            h1 {
                font-size: 1.5em;
            }

            #wrapper {
                max-width: 600px;
                margin: 0 auto;
                text-align: center;
            }

            #gallery {
                overflow: hidden;
            }

            #gallery a {
                display: block;
                float: left;
            }
```

```
#gallery a img {
    display: block;
    border: 0;
}
</style>

<script>
$(function() {
    $('#gallery').poptrox({
        usePopupCaption: true
    });
});
</script>

</head>

<body>
<div id="wrapper">
    <div id="gallery">
        <!-- 图片弹窗-->
        <a href="../img/1.jpg"><img src="../img/1_thumb.jpg"
alt="" title="Just an image (#1)" /></a>
        <a href="../img/2.jpg"><img src="../img/2_thumb.jpg"
alt="" title="Just an image (#2)" /></a>
        <a href="../img/3.jpg"><img src="../img/3_thumb.jpg"
alt="" title="Just an image (#3)" /></a>
    </div>
</div>

</body>

</html>
```

实例运行结果如图 11-5 所示。

图 11-5　实例 11-4 运行结果 1

单击图片，弹窗效果如图 11-6 所示。

图 11-6　实例 11-4 运行结果 2

巩 固 练 习

1. 制作一个注册页面，结合表单插件和验证插件实现表单提交功能。
2. 制作一个包含上传头像功能的注册页面，结合图片弹窗插件预览用户上传的头像。

参 考 文 献

戴雯惠，李家兵，2019．JavaScript+jQuery 开发实战[M]．北京：人民邮电出版社．

黑马程序员，2018．JavaScript 前端开发案例教程[M]．北京：人民邮电出版社．

黑马程序员，2020．JavaScript+jQuery 交互式 Web 前端开发[M]．北京：人民邮电出版社．

林信良，2020．JavaScript 技术手册[M]．北京：清华大学出版社．

张旭乾，2022．JavaScript 基础语法详解[M]．北京：清华大学出版社．

参 考 文 献